Jacques Monod

Zufall und Notwendigkeit

Jacques Monod

Zufall und Notwendigkeit

Philosophische Fragen der modernen Biologie

Vorrede zur deutschen Ausgabe
von Manfred Eigen

R. Piper & Co. Verlag, München

Aus dem Französischen von Friedrich Griese

ISBN 3-492-01913-7
Titelnummer 1913
2. Auflage, 21.–40. Tausend 1971
© Éditions du Seuil, Paris 1970
Die Originalausgabe erschien unter dem Titel
›Le hasard et la nécessité‹
Alle Rechte der deutschen Ausgabe bei
R. Piper & Co. Verlag, München 1971
Satz Otto Gutfreund & Sohn, Darmstadt
Druck und Bindearbeit Clausen & Bosse, Leck
Gesetzt aus der Garamond-Antiqua
Printed in Germany

Inhaltsverzeichnis

VORREDE ZUR DEUTSCHEN AUSGABE
VON MANFRED EIGEN   IX

VORWORT   3

KAPITEL I: Seltsame Objekte   9

Das Natürliche und das Künstliche (11) – Die Schwierigkeiten eines Raumfahrtprogramms (13) – Mit einem Projekt ausgestattete Objekte (16) – Maschinen, die sich selbst konstruieren (19) – Maschinen, die sich reproduzieren (20) – Seltsame Eigenschaften: Invarianz und Teleonomie (22) – Das »Paradoxon« der Invarianz (27) – Teleonomie und Objektivitätsgrundsatz (29)

KAPITEL II: Vitalismen und Animismen   33

Das Grunddilemma: die Priorität von Invarianz und Teleonomie (35) – Der metaphysische Vitalismus (38) – Der »wissenschaftliche« Vitalismus (40) – Die »animistische Projektion« und der »Alte Bund« (42) – Der »wissenschaftliche« Fortschrittsglaube (44) – Die animistische Projektion im dialektischen Materialismus (46) – Die Notwendigkeit einer kritischen Erkenntnistheorie (51) – Der erkenntnistheoretische Zusammenbruch des dialektischen Materialismus (51) – Die anthropozentrische Illusion (54) – Die Biosphäre: ein einmaliges, aus den ersten Prinzipien nicht ableitbares Ereignis (56)

KAPITEL III: Maxwells Dämonen   59

Die Proteine als molekulare Träger der strukturell-funktionalen Teleonomie (61) – Die Enzym-Proteine als spezifische Katalysatoren (65) – Kovalente und non-kovalente Bindungen (70) – Der Begriff des non-kovalenten stereospezifischen Komplexes (74) – Maxwells Dämonen (76)

KAPITEL IV: Mikroskopische Kybernetik 79

Funktionale Kohärenz der Zellmaschinerie (81) – Regelungs-Proteine und die Logik der Regelung (82) – Der Mechanismus der allosterischen Wechselwirkungen (88) – Die Regelung der Enzymsynthese (93) – Der Begriff der Zwangsfreiheit (97) – Holismus und Reduktionismus (100)

KAPITEL V: Molekulare Ontogenese 103

Die spontane Assoziation der Untereinheiten in den oligomeren Proteinen (107) – Die spontane Strukturation komplexer Partikel (109) – Mikroskopische und makroskopische Morphogenese (111) – Primärstruktur und globuläre Struktur der Proteine (114) – Die Bildung der globulären Strukturen (116) – Das falsche Paradoxon der epigenetischen »Bereicherung« (118) – Die ultima ratio der teleonomischen Strukturen (120) – Die Interpretation der Botschaft (122)

KAPITEL VI: Invarianz und Störungen 125

Platon und Heraklit (127) – Die anatomischen Invarianten (129) – Die chemischen Invarianten (131) – Die DNS als grundlegende Invariante (132) – Die Übersetzung des Code (136) – Die Irreversibilität der Übersetzung (138) – Mikroskopische Störungen (140) – Operationale und essentielle Unbestimmtheit (142) – Die Evolution: eine absolute Schöpfung und keine Offenbarung (145)

KAPITEL VII: Evolution 147

Zufall und Notwendigkeit (149) – Die Unermeßlichkeit des Zufalls (151) – Das »Paradoxon« der Stabilität der Arten (152) – Die Irreversibilität der Evolution und der Zweite Hauptsatz (154) – Die Herkunft der Antikörper (155) – Das Verhalten als Selektionsfaktor (156) – Die Sprache und die Evolution des Menschen (160) – Der ursprüngliche Spracherwerb (165) – Der Spracherwerb ist in der epigenetischen Entwicklung des Gehirns programmiert (166)

KAPITEL VIII: Die Grenzen 169

Die heutigen Grenzen der biologischen Erkenntnis (171) – Das Ursprungsproblem (173) – Der rätselhafte Ursprung des Code (176) – Die andere Grenze: das Zentralnervensystem (179) – Die Funktionen des Zentralnervensystems (182) – Die Auflösung der sensorischen Eindrücke (184) – Der Empirismus und das Angeborene (186) – Die Simulationsfunktion (189) – Die Illusion des Dualismus und die Erfahrung des Geistes (193)

KAPITEL IX: Das Reich und die Finsternis   195

Der Selektionsdruck in der Evolution des Menschen (197) – Die Gefahr der genetischen Entartung in der modernen Gesellschaft (200) – Die Selektion der Ideen (202) – Das Erklärungsbedürfnis (204) – Mythische und metaphysische Ontogenien (205) – Die Aufhebung des »Alten« animistischen »Bundes« und die geistige Not der Neuzeit (207) – Die Wertvorstellungen und die Erkenntnis (211) – Die Ethik der Erkenntnis (215) – Die Ethik der Erkenntnis und das sozialistische Ideal (218)

ANHANG   221

I. Die Struktur der Proteine   223

II. Die Nukleinsäuren   227

III. Der genetische Code   231

IV. Über die Bedeutung des Zweiten Hauptsatzes der Thermodynamik   236

Vorrede zur deutschen Ausgabe
von Manfred Eigen

Jacques Monods ›Le hasard et la nécessité‹ – »mag es sich als der Wahrheit letzter Schluß erweisen oder nicht – muß zweifellos aufgrund seiner Breite, Tragweite und Gründlichkeit als ein bedeutsames Ereignis in der Welt der Philosophie betrachtet werden«.

Dieser Satz, in dem lediglich der Name des Autors und der Titel seines Werkes geändert wurden, ist ein Zitat aus Bertrand Russells Vorrede zur englischen Übersetzung von Ludwig Wittgensteins ›Tractatus Logico-Philosophicus‹ *. Ein Vergleich beider Werke drängt sich dem Leser auf. Hier wie dort werden *grundlegende* Fragestellungen der Philosophie in der Reflexion mathematisch-naturwissenschaftlichen Denkens behandelt. Beide Autoren glauben »die Probleme im wesentlichen *endgültig* gelöst zu haben«, und in beiden Fällen scheint die Lösung nicht zuletzt darin zu bestehen: »gezeigt (zu haben), wie wenig damit getan ist, daß diese Probleme gelöst sind«. Daß schließlich noch beide Werke bei ihrer Übersetzung in der Weise kommentiert werden, daß zwar die geäußerte Wahrheit nicht angetastet, wohl aber die Endgültigkeit der Schlußfolgerungen eingeschränkt wird, scheint mir nicht nur Zufall, sondern auch Notwendigkeit zu sein.

Die »Wahrheit« hat ihre Grenzen in unserer Reflexion. Andererseits muß die »Erkenntnis« gewissen Kriterien unterliegen, Kriterien der Objektivität. Für den Biologen Monod gilt dies

---

* Das Originalzitat lautet: »Mr. Wittgenstein's Tractatus Logico-Philosophicus, whether or not it prove to give the ultimate truth on the matters with which it deals, certainly deserves by its breadth and scope and profundity to be considered an important event in the philosophical world« (Routledge and Kegan Paul Ltd., London 1922, Seite 7).

vor allem, wenn wir das Phänomen der Evolution des Lebens betrachten, dessen Produkt wir selber sind. Aber wie können wir »objektiv« sein, wenn wir »uns selber« betrachten? Hier sieht Monod den Ursprung des Dilemmas: »In drei Jahrhunderten hat die durch das Objektivitätspostulat begründete Wissenschaft ihren Platz in der Gesellschaft erobert: in der Praxis wohlgemerkt, aber *nicht im Geiste der Menschen*« (vgl. S. 208). *Objektiv* müssen wir heute erkennen, daß wir – wie jedes Lebewesen – zumindest unsere *individuelle* Existenz einer Kette von »konservierten« *Zufällen* verdanken. *Notwendig* ist nur der Mechanismus der makroskopischen Äußerung dieser »mikroskopischen« Zufälle. Aber: »Wir möchten, daß *wir notwendig sind*, daß *unsere Existenz unvermeidbar* und seit allen Zeiten beschlossen ist« (vgl. S. 58). So hat sich unsere Ideenwelt bis in unsere Tage der allein dem Objektivitätspostulat verhafteten naturwissenschaftlichen Erkenntnis verschlossen.« »Von Platon bis Hegel und Marx bieten die großen philosophischen Systeme alle eine gesellschaftliche Ontogenese an, die zugleich explikativer und normativer Natur ist« (vgl. S. 206). Mit anderen Worten: Sie setzen von vornherein voraus, was eigentlich erst – und hier muß man hinzusetzen »allenfalls« – als *Ergebnis* ihrer Überlegungen herauskommen dürfte. Monod prangert diesen inneren Widerspruch der – von ihm als »animistisch« bezeichneten – Theorien, Weltanschauungen und Religionen heftig an und erhebt beschwörend die Forderung, daß endlich »die Idee der objektiven Erkenntnis als der *einzigen* Quelle authentischer Wahrheit *im Reiche der Ideen* erscheinen möge« (vgl. S. 207).

Ich habe in dieser kurzen Exegese des Monodschen Gedankenganges bewußt provokativere Formulierungen ausgelassen. Sie erst machen die ganze Brisanz dieses Werkes aus (die sich nicht zuletzt in der hohen Auflageziffer der französischen Originalausgabe widerspiegelt). Für mich liegt die besondere Überzeugungskraft in der hervorragenden Darstellung der naturwissenschaftlichen Grundlagen der Evolution »vom Molekül zum Menschen« und ihrer Gegenüberstellung der »Evolution der Ideen«, die ja ebenfalls in dem Anspruch gipfeln, den Menschen erklären zu können. Sie liegt in der Unbestechlichkeit der Argumentation, »nichts zu sagen, als was sich sagen läßt«, nur Sachverhalte anzuerkennen, die durch objektive Beobachtungen gesichert sind und sich in unser naturwissenschaftliches Gedankengebäude widerspruchslos einfügen, mithin auch nichts zu folgern, was sich nicht auf diese und nur auf diese Weise begründen ließe.

Damit hebt sich Monods »Idee der objektiven Erkenntnis« deutlich von anderen Ideologien ab, etwa der »biologischen Philosophie« Teilhard de Chardins, in der – richtig beobachtete – biologische Tatsachen mit subjektiven, naturwissenschaftlich nicht begründbaren »Vorstellungen« verwoben sind. In dem Bestreben, derartigen – den Kriterien objektiver Erkenntnis nicht standhaltenden – »wissenschaftlichen« Begründungsversuchen philosophischer, gesellschaftlicher und religiöser Ideen (oder Ideologien) entgegenzuwirken, sieht sich Monod gelegentlich genötigt, das von ihm selbst aufgestellte Objektivitätspostulat etwas zu strapazieren. Übertreibungen verfolgen immer einen Zweck, und man muß Monod zugute halten, daß er gegen tief eingewurzelte Vorurteile anzukämpfen hat. Daher möchte ich den Versuch unternehmen, solche Übertreibungen etwas zurechtzurücken und gewisse Formulierungen zu interpretieren.

Natürlich ist es der Begriff des »Zufalls«, an dem sich die Polemik am leichtesten entzünden kann. Die Physik hat diesen Begriff längst akzeptiert. Ja, eine der grundlegenden physikalischen Theorien, die Quantenmechanik, basiert auf dem Begriff der Unbestimmtheit, mit der jedes elementare Ereignis behaftet ist. Eingeschränkt wird diese »Unschärfe« elementarer Ereignisse aber durch die große Zahl, mit der sie makroskopisch in Erscheinung treten. Diese Einschränkung geht so weit, daß für makroskopische Vorgänge im allgemeinen exakte Gesetzmäßigkeiten resultieren (z. B. die Gesetze der Thermodynamik oder der klassischen Mechanik und Elektrodynamik). Doch gibt es Ausnahmen, z. B. wenn der »unbestimmte« Elementarprozeß sich selber – etwa durch autokatalytische Verstärkung – zum makroskopischen Ereignis aufschaukelt. Dann nämlich muß die elementare Unschärfe sich auch makroskopisch »abbilden«. Genau das aber geschieht, wenn eine »vorteilhafte« Mutation sich durchsetzt, d. h. selektiert wird. Die makroskopische Abbildung solcher der Unbestimmtheit unterworfenen Elementarprozesse, mithin die individuelle Form aller – auch makroskopisch in Erscheinung tretenden – Lebewesen verdankt ihre Entstehung also dem *Zufall*. Diese Idee ist keineswegs neu, aber sie war solange bloße Hypothese – und damit für die Wissenschaft relativ wertlos –, solange sie sich nicht durch objektive Beobachtung der dem Verstärkungsmechanismus zugrunde liegenden Elementarprozesse eindeutig beweisen ließ.

Zur Aufklärung der molekularen Mechanismen der Vererbung sowie der Steuerung von Lebensvorgängen hat Jacques Monod selber bedeutende Beiträge geleistet. So ist seine Darstellung überlegen, pointiert und auf das Wesentliche gerichtet, dabei von bildhafter, manchmal auch allegorischer Anschaulichkeit – für den Übersetzer gewiß keine leichte Aufgabe.

Die ungeheure Vielfalt der Strukturen und Prozesse wird zwei Begriffen untergeordnet: der *Teleonomie* (der »apparativen« Organisation bzw. ihrer Leistungen) und der *Invarianz* (der den teleonomischen Strukturen zugrunde liegenden Information). Repräsentiert werden beide Prinzipien durch die beiden Hauptklassen biologischer Makromoleküle: die Proteine als Träger teleonomischer Leistungen und die Nukleinsäuren als Speicher der (nahezu) invarianten Information. Die Proteine vermögen ihre vielfältigen Leistungen, wie Reaktionsvermittlung, Schaltung und Regelung, aufgrund ihres unübersehbaren strukturellen Reichtums zu vollbringen; die Nukleinsäuren andererseits verdanken ihre »konservierenden« Eigenschaften einem einfachen Ausschließlichkeitsprinzip ihrer Wechselwirkungen: der Komplementarität. Beide lassen sich in ihrem Verhältnis zueinander mit Exekutive und Legislative in einem Staatswesen vergleichen. Daß solche Strukturen sich überhaupt bilden konnten, hängt natürlich von gewissen physikalischen und chemischen Bedingungen ab, die – nach allem, was uns heute bekannt ist – in der Frühzeit unseres Planeten erfüllt waren. Daß diese Strukturen weiterhin sich zu immer höheren Organisationsformen entwickeln konnten, hängt einerseits von der teleonomischen Leistung der organisierten Protein-Nukleinsäure-Systeme, andererseits aber von einer gewissen Unschärfe im Elementarprozeß der (nur nahezu) invarianten Reproduktion ab. Im molekularen Bereich ist die Genauigkeit der Informationsübermittlung allein durch Wechselwirkungsenergien bestimmt, die die »erkennende« Zuordnung stabilisieren. Sie wirken der Wärmebewegung entgegen, die versucht, in dem System einen Zustand maximaler »Unordnung« zu erzeugen. Ist aber diese stabilisierende Wechselwirkungsenergie zu hoch, so wird der Ablauf des Prozesses zu träge; die Bindungen werden zu »klebrig«. So muß ein Kompromiß geschlossen werden, der zur Folge hat, daß die Informationsübertragung niemals vollkommen präzise ist, ja daß laufend Fehlablesungen erfolgen. Diese Fehler oder Mutationen sind die einzige Möglichkeit, doch noch eine Veränderung des durch die selbstreproduzierende Invarianz der Legislative festgelegten teleonomischen Programms, also eine Evolution herbeizuführen. Die individuelle Ursache jedes einzelnen Schrittes dieser Evolution ist ein Übersetzungsfehler, eine »Störung« des normalen Ablaufs. Monod sagt sehr treffend: Das ganze Konzert der belebten Natur ist aus störenden Geräuschen hervorgegangen (vgl. S. 149).

Bis hinauf zu den hoch entwickelten Organisationsformen der zentralnervös gesteuerten Lebewesen findet man die strikte Aufgabenteilung zwischen Legislative und Exekutive sowie die Nichtumkehrbarkeit ihres Wechselspiels (die nur innerhalb jedes einzelnen Bereichs, z. B. in der Transkription der Information zwischen Speicher-(DNS)- und Boten-(RNS)-Form der Nukleinsäuren möglich ist. Aufgrund dieser Nichtumkehrbarkeit kann das teleonomische Programm, obwohl es Gegenstand der Mutation ist, selber zu seiner Veränderung nichts beitragen. Treffend ist wieder der bildhafte Vergleich für die zufällige Verknüpfung voneinander unabhängiger Ereignisfolgen (S. 143):

Ein Arzt wird zu einem neuerkrankten Patienten gerufen (1. Folge). Ein Dachdecker läßt bei seiner Arbeit einen Hammer fallen (2. Folge). Der Hammer trifft den Kopf des Arztes (Verknüpfung beider Folgen aufgrund zufälliger Koinzidenz).

Beide Folgen mögen in ihrem Einzelablauf weitgehend durch vorangehende Ereignisse determiniert sein. Wegen ihrer Unabhängigkeit voneinander ist jedoch die im Unfall zum Ausdruck kommende Verknüpfung eine rein »zufällige«. Ähnlich sind Entstehung einer Mutation und selektiver Vorteil (infolge veränderter Funktionen des teleonomischen Apparates) zwei voneinander unabhängige, auf verschiedenen Ebenen ablaufende Ereignisfolgen.

Hier wird aber auch die Begrenzung der Rolle des Zufalls in der Evolution sichtbar. Die zufällige Mutation ist einem Ausleseprozeß unterworfen, und dieser trifft keineswegs eine »willkürliche« Entscheidung. Der Selektion liegt vielmehr ein physikalisch klar formulierbares *Bewertungsprinzip* zugrunde. Wäre die Selektion reine Willkür, wäre das einzige Kriterium der Auswahl die *Tatsache* des Überlebens selbst, so würde Darwins Selektionsprinzip – von ihm selbst formuliert als »survival of the fittest« – nur eine triviale Tautologie, nämlich »survival of the survivor« zum Ausdruck bringen. Leider ist Darwin oft in dieser Weise mißdeutet worden. Das Bewertungsprinzip der Selektion läßt sich für makroskopische Systeme ähnlich den Gesetzen der Thermodynamik formulieren. Der einzige formelle Unterschied besteht darin, daß an die Stelle der absoluten Extremalprinzipien der Thermodynamik »eingeschränkte« Optimalprinzipien treten. Diese lassen sich sogar mit Hilfe der Thermodynamik begründen, allerdings nicht unmittelbar mit den im Anhang dieses Buches erläuterten Sätzen der Gleichgewichtsthermodynamik, sondern mit analogen Stabilitätskriterien für stationäre irreversible Prozesse. Eines der Hauptmerkmale lebender Systeme ist nämlich, daß sie ständig Energie in einer zur Arbeitsleistung geeigneten Form aufnehmen und sich dadurch dem Abfall in den Gleichgewichtszustand, den Zustand maximaler Unordnung, entziehen. (Tatsächlich sind wohl auch diese Prinzipien der Nicht-Gleichgewichts-Thermodynamik gemeint, wenn etwa auf S. 154 f. – für den Physiker nicht ganz befriedigend – von der einer Zeitumkehr entsprechenden Entropieabnahme aufgrund gleichgerichteter »konservierter« Schwankungen die Rede ist.)

Wir sehen also, daß nur die Entstehung der individuellen Form dem Zufall unterworfen ist. Ihre Selektion – in Konkurrenz zu anderen Formen – jedoch bedeutet eine Einschränkung bzw. Reduzierung des Zufalls; denn sie erfolgt nach streng formulierbaren Kriterien, die im Einzelfall zwar – wie in der Thermodynamik – Schwankungen zulassen, in der großen Zahl aber Gesetz, also *Notwendigkeit* bedeuten. In dem oben angeführten Beispiel für die zufällige Koinzidenz unabhängiger Ereignisfolgen hatte ich – etwas abweichend von Monod – den Ausgang des Unfalls noch offengelassen. Für den Arzt (in diesem Beispiel) bedeutet er »alles oder nichts«, er besiegelt sein Schicksal. Sicherlich könnte man aufgrund empirischer Unterlagen die Wahrscheinlichkeit dafür ausrechnen, daß ein aus bestimmter Höhe fallender und den Kopf eines Menschen treffender Hammer eine tödliche Verletzung hervorruft. Eine derartige Wahrscheinlichkeitsrelation wäre für den Arzt als Individuum uninteressant, nicht dagegen für seine (oder des Dachdeckers) Versicherung, die daraus für eine bestimmte Unfallquote relativ genau ihr Risiko errechnen kann.

Was ich sagen will, ist, daß die »Notwendigkeit« gleichberechtigt neben den »Zufall« tritt, sobald für ein Ereignis eine Wahrscheinlichkeitsverteilung existiert und diese sich – wie in der Physik makroskopischer Systeme – durch *große Zahlen* beschreiben läßt. Der Titel dieses Buches bringt diese Gleichberechtigung eindeutig zum Ausdruck. Monod mußte aber den Zufall stärker betonen, da die »Notwendigkeit« ja ohnehin jedermann gern zu akzeptieren bereit ist. Das hat natürlich zu einer leichten

Verzerrung des Bildes geführt, die sich auch in den Rezensionen der französischen Originalausgabe widerspiegelte, z. B. in der Überschrift: ›Der Mensch – ein Betriebsunfall der Natur?‹

Sagen wir also noch einmal ganz deutlich: Allein aufgrund der durch Optimalprinzipien gekennzeichneten Selektionsgesetze konnten in der relativ kurzen Zeitspanne der Existenz unseres Planeten und unter den herrschenden physikalischen Bedingungen Systeme entstehen, die sich reproduzierten, einen dem Energie- bzw. Nahrungsangebot angepaßten Stoffwechsel entwickelten, Umweltreize aufnahmen und verarbeiteten und schließlich zu »denken« begannen. So sehr die individuelle Form ihren Ursprung dem Zufall verdankt, so sehr ist der Prozeß der Auslese und Evolution unabwendbare Notwendigkeit. Nicht mehr! Also keine geheimnisvolle inhärente »Vitaleigenschaft« der Materie, die schließlich auch noch den Gang der Geschichte bestimmen soll! Aber auch nicht weniger – nicht *nur* Zufall!

Damit verschwindet die tiefe Zäsur zwischen der unbelebten Welt und der Biosphäre, der Philosophie, Weltanschauung und Religion so große Bedeutung zugemessen haben. Die »Entstehung des Lebens«, also die Entwicklung vom Makromolekül zum Mikroorganismus, ist nur ein Schritt unter vielen, wie etwa der vom Elementarteilchen zum Atom, vom Atom zum Molekül, ... oder auch der vom Einzeller zum Organverband und schließlich zum Zentralnervensystem des Menschen. Warum sollten wir gerade diesen Schritt vom Molekül zum Einzeller mit größerer Ehrfurcht betrachten als irgendeinen der anderen? Die Molekularbiologie hat dem Jahrhunderte aufrecht erhaltenen Schöpfungsmystizismus ein Ende gesetzt, sie hat vollendet, was Galilei begann. Wenn wir schon eine Begründung unserer Ideen finden wollen, so sollten wir diese in der letzten Stufe, nämlich beim Zentralnervensystem des Menschen, suchen, denn hier ist der Ursprung aller Ideen, auch der von der göttlichen Durchdringung unseres Seins.

An dieser Stelle muß wiederum ein Endgültigkeitseinwand gemacht werden. Monod legt in Kapitel VIII und IX überzeugend dar, daß es keine Veranlassung gibt, auf dieser Stufe doch noch die bereits ad absurdum geführte vitalistische oder animistische Auffassung wieder zum Leben zu erwecken. Aber wir müssen andererseits auch – objektiv – zugeben, daß wir sehr viel mehr wissen müßten, um hier eine wesentlich weitergehende Aussage machen zu können. Wir haben gesehen, in welcher Weise die Rolle des Zufalls durch das »Sieb« der Selektion eingeschränkt wurde. Die Evolution der Ideen, die sich in unseren Gehirnen vollzieht, mag komplizierteren – objektiv noch nicht vollständig erkannten – Einschränkungsbedingungen unterworfen sein. So bleibt uns im Augenblick nur die ständige geistige Auseinandersetzung mit den von uns akzeptierten Ideen weltanschaulicher oder religiöser Art *anhand der Kriterien objektiver Erkenntnis*. Mir schaudert aber bei dem Gedanken einer Dogmatisierung des Objektivitätspostulats, die über die Forderung nach ständiger geistiger Auseinandersetzung hinausgeht. Barmherzigkeit und Nächstenliebe wären die ersten Opfer. Was wir zu tun haben, läßt Bertolt Brecht seinen Galilei treffend sagen:

»Ja, wir werden alles, alles noch einmal in Frage stellen. Und wir werden nicht mit Siebenmeilenstiefeln vorwärtsgehen, sondern im Schneckentempo. Und was wir heute finden, werden wir morgen von der Tafel streichen und erst wieder anschreiben, wenn wir es noch einmal gefunden haben. Und was wir zu finden wünschen, das werden wir, gefunden, mit besonderem Mißtrauen ansehen.« ... »Sollte uns dann aber jede andere Annahme als diese unter den Händen zerronnen sein, dann keine Gnade mehr mit denen, die nicht geforscht haben und doch reden.«

Jacques Monod jedenfalls gehört zu denen, die geforscht haben.

August 1971

Manfred Eigen

Alles, was im Weltall existiert, ist die Frucht von Zufall und Notwendigkeit.
Demokrit

In diesem hehren Augenblick, da der Mensch – wie Sisyphos, der zu seinem Stein zurückkehrt – sich wieder seinem Leben zuwendet, betrachtet er jene Folge zusammenhangloser Handlungen, die zu seinem Schicksal wird, das, von ihm selber geschaffen, in seiner Erinnerung zusammenschießt und alsbald durch seinen Tod besiegelt wird. Überzeugt, daß alles Menschliche nur menschlichen Ursprungs ist, bleibt er – ein Blinder, der sehen möchte und weiß, daß die Nacht kein Ende hat – immer unterwegs. Wieder rollt der Stein. Ich verlasse Sisyphos am Fuß des Berges. Seine Last findet man immer wieder. Doch Sisyphos lehrt die höhere Treue, die die Götter leugnet und die Steine bewegt. Auch er glaubt, daß alles gut ist. Dieses Universum, von nun an ohne Herren, erscheint ihm weder unfruchtbar noch nichtig. Jedes Gran dieses Gesteins, jeder Mineralsplitter dieses Berges voller Nacht ist eine Welt für sich. Der Kampf um die Gipfel allein kann ein Menschenherz ausfüllen. Man muß sich Sisyphos glücklich denken.
Albert Camus, Der Mythos von Sisyphos

Vorwort

Die Biologie nimmt unter den Wissenschaften zugleich eine Zentral- und eine Randstellung ein. Eine Randstellung deshalb, weil die belebte Welt einen so winzigen und so »speziellen« Teil des uns bekannten Universums darstellt, daß es den Anschein hat, als sollte die Erforschung lebender Wesen kaum jemals zur Entdeckung allgemeiner Gesetze führen, die außerhalb der Biosphäre anwendbar wären. Wenn es jedoch – wie ich glaube – der höchste Ehrgeiz aller Wissenschaft ist, die Beziehung des Menschen zum Universum zu erhellen, dann muß man der Biologie eine zentrale Stellung zuerkennen, denn von allen Disziplinen versucht sie am direktesten ins Zentrum jener Probleme vorzudringen, die zunächst gelöst sein müssen, bevor man – in anderen als metaphysischen Begriffen – die Frage nach der »Natur des Menschen« auch nur stellen kann.

Die Biologie ist ohnehin die für den Menschen bedeutendste Wissenschaft; sie hat sicher mehr als jede andere zur Entstehung des modernen Denkens beigetragen, das in allen Bereichen – der Philosophie, der Religion wie der Politik – eine tiefe Erschütterung und eine entscheidende Prägung durch die Evolutionstheorie erfuhr. Wie sicher man sich auch seit Ende des 19. Jahrhunderts ihrer Geltung für die Erscheinungswelt war und obwohl sie die gesamte Biologie beherrschte – die Evolutionstheorie hing solange sozusagen in der Luft, wie es keine *physikalische* Theorie der Vererbung gab. Die Hoffnung, bald dahin zu gelangen, erschien noch vor dreißig Jahren trotz der Erfolge der klassischen Genetik wie ein Traum. Das jedoch, was man suchte, bietet heute die Molekulartheorie des genetischen Code. »Theorie des genetischen Code« verstehe ich hier im weiten Sinne: Sie umfaßt für mich nicht nur die Einsicht in die chemische Struktur der Erbsubstanz und die in ihr enthaltene Information, sondern auch in die molekularen Mechanismen des morphogenetischen und physiologischen Ausdrucks dieser Information. So definiert, ist die Theorie des genetischen Code die Grundlage der Biologie. Das bedeutet selbstverständlich nicht, daß die komplexen Strukturen und Funktionen der Organismen aus der Theorie *abgeleitet* werden könnten, noch gar, daß sie sich immer direkt auf molekularer Ebene analysieren ließen. (Man kann *alle* Einzelheiten der Chemie mit Hilfe der Quantentheorie weder vorhersagen noch erklären, obwohl kaum jemand daran zweifelt, daß diese Theorie die universelle Grundlage bildet.)

Aber auch wenn die gesamte Biosphäre heute (und zweifellos auch künftig) durch die Molekulartheorie des Code nicht vorhergesagt und erklärt werden kann, so stellt diese doch von nun an eine allgemeine Theorie lebender Systeme dar. Vor dem Aufkommen der Molekularbiologie gab es etwas Derartiges in der wissenschaftlichen Erkenntnis nicht. Das »Geheimnis des Lebens« konnte noch als prinzipiell unauflöslich erscheinen. Es ist heute zum großen Teil enthüllt. Diese bemerkenswerte Tatsache muß eigentlich das Denken von heute stark beeinflussen, wenn man erst über den Kreis der reinen Spezialisten hinaus die allgemeine Bedeutung und die Tragweite der Theorie erkannt und begriffen haben wird. Ich hoffe, daß der vorliegende Essay dazu beitragen kann. Ich habe versucht, weniger die Erkenntnisinhalte der modernen Biologie als vielmehr deren »Form« klarzustellen und ihre logischen Beziehungen zu anderen Bereichen des Denkens zu entwickeln.

Für einen Wissenschaftler ist es heute unvorsichtig, das Wort »Philosophie«, und sei es »Naturphilosophie«, im Titel (oder auch nur Untertitel) einer Arbeit zu verwenden*. Damit kann er sicher sein, daß die Wissenschaftler sie mit Mißtrauen, die Philosophen bestenfalls mit Herablassung aufnehmen werden. Ich habe nur eine Entschuldigung, die ich jedoch für legitim halte: die Pflicht, die den Wissenschaftlern heute mehr denn je auferlegt ist, ihre Fachdisziplin im Gesamtzusammenhang der modernen Kultur zu sehen und diese nicht nur durch technisch bedeutende Erkenntnisse zu bereichern, sondern auch durch Gedanken, die sich aus ihrer Fachwissenschaft ergeben und die nach ihrer Ansicht für die Menschheit wichtig sein könnten. Aber auch die Unbefangenheit, mit der man etwas ganz neu betrachtet – wie es die Wissenschaft immer tut –, kann manchmal alte Probleme in einem neuen Lichte erscheinen lassen.

Selbstverständlich ist jegliche Verwechslung zwischen den Gedanken, die von der wissenschaftlichen Erkenntnis *nahegelegt* werden, und der eigentlichen Wissenschaft zu vermeiden. Die Folgerungen aus der wissenschaftlichen Einsicht müssen jedoch auch ohne Zögern so weit vorangetrieben werden, daß ihre volle Bedeutung sichtbar wird. Das ist eine schwierige Aufgabe. Ich will nicht behaupten, daß ich sie fehlerfrei erfüllt hätte. Der rein biologische Teil der vorliegenden Abhandlung ist keineswegs originell; ich

---

* Der französische Originaltitel spricht von der »philosophie naturelle« der modernen Biologie. Anm. d. Übers.

habe nur Erkenntnisse zusammengefaßt, die in der heutigen Wissenschaft als wohlbegründet gelten. Allerdings offenbaren sich persönliche Neigungen in der Bedeutung, die ich einzelnen Ausführungen beigemessen habe, und in der Auswahl der Beispiele. Ein bedeutender Teil der Biologie bleibt sogar unerwähnt. Noch einmal: Dieser Essay will keineswegs die gesamte Biologie darstellen; er versucht einfach, aus der Molekulartheorie des Code die Quintessenz zu ziehen. Ich trage natürlich die Verantwortung für die ideologischen Verallgemeinerungen, die ich daraus ableiten zu können glaubte. Ich meine mich nicht zu täuschen, wenn ich sage, daß diese Deutungen, soweit sie erkenntnistheoretischer Art sind, die Zustimmung der meisten modernen Biologen finden werden. Die volle Verantwortung muß ich übernehmen für die Ausführungen ethischen oder politischen Charakters, die ich nicht umgehen wollte, so gewagt sie auch seien, und mögen sie auch ungewollt naiv oder zu anspruchsvoll erscheinen: Bescheidenheit schickt sich für den Gelehrten, aber nicht für die Ideen, die in ihm wohnen und die er verteidigen *soll*. Hier habe ich indessen die beruhigende Gewißheit, mich mit einigen Biologen von heute, deren Werk die allergrößte Achtung verdient, in voller Übereinstimmung zu befinden.

Ich muß die Biologen wegen einiger Ausführungen, die ihnen langweilig erscheinen mögen, und die Nicht-Biologen wegen der trockenen Darstellung einiger unumgänglicher »technischer« Begriffe um Nachsicht bitten. Der Anhang wird manchem Leser helfen, über diese Schwierigkeiten hinwegzukommen. Ich möchte jedoch betonen, daß man auf die Lektüre des Anhangs verzichten kann, wenn man sich nicht unmittelbar mit den chemischen Realitäten der Biologie auseinandersetzen will.

Diese Abhandlung beruht auf einer Vortragsreihe – den

»Robbins Lectures« –, die ich im Februar 1969 am Pomona College in Kalifornien gehalten habe. Ich möchte der Leitung dieses College für die Gelegenheit danken, vor einem sehr jungen und eifrigen Publikum einige Gedanken zu entwickeln, die für mich seit langem ein Anlaß zur Reflexion, aber kein Gegenstand der Lehre waren. Aus diesen Gedanken habe ich ebenfalls den Stoff für eine Vorlesung gemacht, die ich während des Studienjahres 1969–70 am Collège de France hielt. Diese großartige und wertvolle Institution gestattet es ihren Mitgliedern, manchmal die strengen Grenzen der ihnen anvertrauten Lehre zu überschreiten. Dafür sei Guillaume Budé und Franz I. Dank abgestattet.

Clos Saint-Jacques, April 1970

Kapitel I
Seltsame Objekte

Die Unterscheidung zwischen künstlichen und natürlichen Objekten erscheint jedem von uns unmittelbar und unzweideutig. Der Fels, der Berg, der Fluß sind natürliche Objekte, ein Messer, ein Taschentuch, ein Automobil sind künstliche Objekte, Artefakte [1]. Prüft man diese Aussagen nach, dann findet man jedoch, daß sie weder unmittelbare Tatsachenaussagen noch streng objektiv sind. Wir wissen, daß das Messer vom Menschen im Hinblick auf eine im voraus geplante Nutzung und Leistung gestaltet wurde. Das Objekt verkörpert die Absicht, die schon vorher bestand und die Ursache seines Daseins ist. Die Form des Objekts erklärt sich aus der Leistung, die von ihm erwartet wurde, bevor es noch fertig war. Das ist nicht der Fall bei dem Fluß oder dem Felsen, von denen wir wissen oder glauben, daß sie durch das freie Spiel der Naturkräfte gestaltet wurden, denen wir keinen Plan, keinen »Entwurf« zuschreiben können, dann wenigstens nicht, wenn wir das Grundpostulat der wissenschaftlichen Methode akzeptieren: nämlich daß die Natur *objektiv*, gegeben ist und nicht *projektiv*, geplant.

Wir stellen uns also ein jegliches Objekt als »künstlich«

Das Natürliche und das Künstliche

[1] Kunst-, Gewerbeprodukte.

oder als »natürlich« vor, weil wir uns auf unsere eigene bewußt geplante Tätigkeit beziehen, weil wir selber Artefakte erzeugen. Ist es tatsächlich möglich, mit Hilfe objektiver und allgemeiner Kriterien die Merkmale von künstlichen Objekten, von Produkten einer bewußt geplanten Tätigkeit im Gegensatz zu natürlichen Objekten zu definieren, die aus dem freien Spiel der Naturkräfte hervorgehen? Um sich der völligen Objektivität der gewählten Kriterien zu vergewissern, sollte man sich zweifellos am besten die Frage stellen, ob unter Verwendung dieser Kriterien ein Programm erstellt werden könnte, das es einem Elektronenrechner ermöglicht, ein Artefakt von einem natürlichen Objekt zu unterscheiden.

Ein solches Programm könnte Anwendungen finden, die von größtem Interesse sind. Nehmen wir an, demnächst solle ein Raumschiff auf der Venus oder auf dem Mars landen. Welche Frage wäre interessanter als die, ob unsere Nachbarsterne von intelligenten Wesen, die zu projektiver Tätigkeit fähig sind, bewohnt werden oder früher bewohnt worden sind? Um eine derartige frühere oder gegenwärtige Tätigkeit nachzuweisen, müßte man natürlich *ihre Erzeugnisse* untersuchen, so radikal verschieden sie auch von den Früchten menschlichen Fleißes sein mögen. Ohne Kenntnis von der Natur solcher Wesen und der Pläne, die sie erdacht haben könnten, dürfte das Programm nur sehr allgemeine Kriterien verwenden, die sich ausschließlich auf die Struktur und Gestalt der untersuchten Objekte stützen müßten, ohne irgendeinen Bezug auf ihre eventuelle Funktion zu nehmen.

Es wird zwei verwendbare Kriterien geben: 1. Regelmäßigkeit, 2. Wiederholbarkeit.

Mit dem Kriterium der Regelmäßigkeit würde man Nutzen aus der Tatsache zu ziehen versuchen, daß die natürlichen, durch das Spiel der Naturgewalten geformten Objekte fast nie einfache geometrische Strukturen aufweisen, wie ebene Oberflächen, geradlinige Kanten, rechte Winkel und exakte Symmetrien, während Artefakte im allgemeinen – und sei es andeutungs- und näherungsweise – diese Merkmale zeigen.

Das Kriterium der Wiederholbarkeit wird zweifellos das entscheidende sein. Homologe Artefakte, die für eine gleichartige Verwendung bestimmt sind, verkörpern ein wiederkehrendes Projekt und geben in gewisser Annäherung die gleichbleibenden Absichten ihres Schöpfers wieder. Im Hinblick darauf wäre es also sehr bezeichnend, wenn man viele Exemplare von solchen Objekten entdecken würde, deren Gestalt ziemlich genau festgelegt ist.

Derart könnten – in kurzer Definition – die verwendbaren allgemeinen Kriterien sein. Darüberhinaus ist noch festzustellen, daß die zu untersuchenden Objekte von *makroskopischen* und nicht von *mikroskopischen* Ausmaßen sind. Unter »makroskopisch« sind Größenordnungen zu verstehen, die in Zentimetern gemessen werden, unter »mikroskopisch« solche, die normalerweise in Ångström (1 cm = 10^8 [hundert Millionen] Ångström) ausgedrückt werden. Diese Festlegung ist notwendig, denn im mikroskopischen Bereich würde man es mit atomaren oder molekularen Strukturen zu tun haben, deren einfache, wiederkehrende Geometrie natürlich keine bewußte, rationale Absicht beweist, sondern nur den Gesetzen der Chemie entspricht.

Nehmen wir jetzt an, das Programm sei aufgestellt und dem Rechner eingegeben worden. Um seine Leistungsfähigkeit zu erproben, läßt man den Rechner am besten irdische Objekte bearbeiten. Kehren wir unsere Hypothese um und stellen wir uns vor, die Maschine sei von den Experten der Mars-NASA konstruiert worden, die auf der Erde Beweise

Die Schwierigkeiten eines Raumfahrtprogramms

für eine organisierte, Artefakte schaffende Tätigkeit entdecken möchten. Nehmen wir weiter an, daß das erste Mars-Raumschiff im Wald von Fontainebleau in der Nähe des Dorfes Barbizon landet. Die Maschine prüft und vergleicht die beiden auffälligsten Objektreihen in der Umgebung: die Häuser von Barbizon einerseits und die Felsen von Apremont andererseits. Unter Verwendung der Kriterien: Regelmäßigkeit, geometrische Einfachheit und Wiederholbarkeit wird sie schnell entscheiden, daß die Felsen natürliche Objekte, die Häuser dagegen Artefakte sind.

Jetzt wendet die Maschine ihre Aufmerksamkeit Objekten geringeren Ausmaßes zu, untersucht einige kleine Kieselsteine, neben denen sie Quarzkristalle entdeckt. Nach den gleichen Kriterien wird sie natürlich entscheiden, daß die Kieselsteine natürliche und die Quarzkristalle künstliche Objekte sind. Dieses Urteil scheint einen »Fehler« in der Struktur des Programms zu beweisen – einen »Fehler«, dessen Herkunft übrigens interessant ist. Die Kristalle weisen deshalb ganz genau bestimmte geometrische Formen auf, weil sich in ihrer makroskopischen Struktur unmittelbar die einfache, periodische mikroskopische Struktur der Atome oder Moleküle widerspiegelt, aus denen sie sich zusammensetzen. Mit anderen Worten: Der Kristall ist der makroskopische Ausdruck einer mikroskopischen Struktur. Dieser »Fehler« wäre übrigens leicht zu beseitigen, da alle *möglichen* kristallinen Strukturen bekannt sind.

Nehmen wir aber an, daß die Maschine jetzt einen anderen Objekttyp untersucht, zum Beispiel einen Stock wilder Bienen. Sie wird dort natürlich alle Kriterien eines künstlichen Ursprungs vorfinden: die einfachen und wiederkehrenden geometrischen Strukturen der Waben und Zellen. Damit würde der Bienenstock in die gleiche Kategorie von Objekten eingereiht wie die Häuser von Barbizon. Was ist von diesem Urteil zu halten? Wir wissen, daß der Bienenstock in dem Sinne »künstlich« ist, daß er das Erzeugnis der Tätigkeit der Bienen darstellt. Wir haben jedoch gute Gründe anzunehmen, daß diese Tätigkeit wirklich streng automatisch abläuft, aber nicht bewußt geplant ist. Als gute Naturforscher halten wir die Bienen indessen für »natürliche« Wesen. Ist es nicht ein flagranter Widerspruch, das Erzeugnis der automatischen Tätigkeit eines »natürlichen« Wesens als »künstlich« zu betrachten?

Bei einer Fortsetzung der Untersuchung würde man bald sehen, daß ein eventueller Widerspruch nicht aus einer fehlerhaften Programmierung, sondern aus der Mehrdeutigkeit unserer Schlußfolgerungen resultiert. Denn wenn die Maschine jetzt nicht nur den Stock, sondern die Bienen selber untersucht, kann sie in ihnen nur höchst ausgeklügelte künstliche Objekte erblicken. Die oberflächlichste Prüfung wird bei der Biene eindeutige Elemente einfacher Symmetrie, nämlich Spiegel- und Punktsymmetrie, entdecken. Untersucht man eine Biene nach der anderen, so wird man überdies und insbesondere feststellen, daß die hohe Komplexität ihrer Struktur (Anzahl und Lage der Bauchhaare oder der Flügelrippen beispielsweise) sich bei jedem Tier mit außergewöhnlicher Treue wiederholt. Der sicherste Beweis also, daß diese Wesen Erzeugnisse einer überlegten, gestaltenden und äußerst raffinierten Tätigkeit sind. Aufgrund derart eindeutiger Unterlagen müßte die Maschine den Technikern der Mars-NASA melden, sie habe auf der Erde eine Industrie entdeckt, dergegenüber die eigene primitiv erscheint.

Der Umweg, den wir eben gemacht haben und der eigentlich überhaupt keine science-fiction ist, sollte die Schwierigkeit verdeutlichen, den Unterschied zwischen »natürlichen« und »künstlichen« Objekten, der uns doch intuitiv einleuchtend erscheint, zu definieren. Zweifellos ist es unmöglich, von (makroskopischen) strukturellen Kriterien ausgehend zu einer Definition des Künstlichen zu gelangen, die alle »wirklichen« Artefakte, wie die Erzeugnisse des menschlichen Fleißes, umfaßte, aber so offensichtlich natürliche Objekte, wie die Kristallstrukturen und die Lebewesen, ausschlösse, die wir doch auch zu den natürlichen Systemen rechnen möchten.

Wenn man über die Ursache der (scheinbaren?) Verwechslungen nachdenkt, zu denen unser Programm führt, wird man sicher darauf kommen, daß es unsere absichtliche, ausschließliche Beschränkung auf die Gestalt, Struktur und Geometrie war, durch die wir den Begriff des künstlichen Objekts seines wesentlichen Inhalts beraubten, der es zuallererst bestimmt: nämlich die Funktion, die es erfüllen soll, die Leistung, die sein Erfinder von ihm erwartet. Programmiert man von nun an die Maschine so, daß sie nicht nur die Struktur, sondern auch die eventuellen Leistungen der überprüften Objekte untersucht, dann wird man indessen bald sehen, daß man zu noch enttäuschenderen Ergebnissen gelangt.

Mit einem Projekt ausgestattete Objekte

Nehmen wir zum Beispiel an, dieses neue Programm mache es tatsächlich möglich, daß die Maschine korrekt die Strukturen und Leistungen von zwei Objektreihen analysiert, etwa von Pferden, die auf dem Feld laufen, und von Autos, die auf der Straße fahren. Die Analyse wird zu dem Schluß führen, diese Objekte seien eng miteinander vergleichbar insofern, als die einen wie die anderen entworfen wurden, um zu schnellen Ortsveränderungen fähig zu sein, wenn auch auf verschiedenartigen Oberflächen, was ihren Strukturunterschieden Rechnung trägt. Und wenn wir, um ein anderes Beispiel zu nehmen, der Maschine die Aufgabe stellen würden, das Auge eines Wirbeltieres und einen Photoapparat nach Struktur und Leistung zu vergleichen, so könnte das Programm nur weitgehende Analogien erkennen. Linsen, Blende, Verschluß und lichtempfindliche Pigmente: Die gleichen Bestandteile können nur deshalb in den beiden Objekten zusammengebracht worden sein, um von diesen gleichartige Leistungen zu erlangen.

Aus vielen anderen klassischen Beispielen für die funktionale Anpassung bei den Lebewesen habe ich dieses eine nur angeführt, um zu unterstreichen, wie willkürlich und unfruchtbar es wäre, wenn man leugnen wollte, daß das natürliche Organ – das Auge – das Endergebnis eines Projekts (nämlich Bilder einzufangen) ist, während man dem Photoapparat einen solchen Ursprung wohl zuerkennen würde. Das wäre um so absurder, als, in letzter Analyse, das Projekt, das den Apparat »erklärt«, kein anderes sein kann als dasjenige, dem auch das Auge seinen Bau verdankt. Jedes Artefakt ist das Erzeugnis der Tätigkeit eines Lebewesens, das so auf besonders einleuchtende Art eine der grundlegenden Eigenschaften zum Ausdruck bringt, die ausnahmslos alle Lebewesen kennzeichnen: *Objekte* zu sein, die *mit einem Plan ausgestattet* sind, den sie gleichzeitig in ihrer Struktur darstellen und durch ihre Leistungen ausführen (zum Beispiel, indem sie Artefakte schaffen).

Statt, wie es einige Biologen versucht haben, diese Erkenntnis zu bestreiten, ist es im Gegenteil vielmehr notwendig, sie als für die Definition der Lebewesen wesentlich anzuerkennen. Wir sagen, daß diese sich von allen anderen Strukturen aller im Universum vorhandenen Systeme durch die Eigenschaft unterscheiden, die wir *Teleonomie* nennen.

Man wird jedoch einwenden, daß diese Bedingung, selbst wenn sie notwendig ist, für die Definition der Lebewesen nicht hinreichend sei, da sie keine objektiven Kriterien angebe, nach denen sich die Lebewesen von den Artefakten, den Erzeugnissen ihrer Tätigkeit, unterscheiden lassen.

Es genügt nicht, wenn man behauptet, daß das Projekt, das ein Artefakt hervorruft, zu dem Tier gehört, das dieses Artefakt geschaffen hat, nicht aber zu dem künstlichen Objekt selber. Diese evidente Einsicht ist noch zu subjektiv, was sich dadurch erweist, daß es schwierig wäre, sie im Programm eines Elektronenrechners zu verwenden. Wie könnte der Rechner feststellen, daß das durch einen Photoapparat dargestellte Projekt, Bilder einzufangen, zu einem anderen Objekt als dem Apparat selber gehört? Die Untersuchung der fertigen Struktur und die Analyse der Leistungen erlaubt es nur, das Projekt zu identifizieren, nicht aber seinen Urheber.

Um das zu erreichen, brauchte man ein Programm, das nicht bloß das vorliegende Objekt, sondern seinen Ursprung, seine Geschichte und das Verfahren seines Aufbaus untersucht. Der Formulierung eines solchen Programms steht zumindest im Prinzip nichts entgegen. Mit diesem Programm ließe sich, selbst wenn es sehr einfach wäre, ein radikaler Unterschied zwischen einem – wenn auch noch so perfektionierten – Artefakt und einem Lebewesen feststellen. Denn die Maschine müßte bestätigen, daß die makroskopische Struktur eines Artefakts – handle es sich um eine Bienenwabe, einen von Bibern errichteten Damm, eine Steinzeit-Axt oder ein Raumschiff – aus der Anwendung *äußerer* Kräfte auf das Ausgangsmaterial und das Objekt selber resultiert. Ist die makroskopische Struktur einmal hergestellt, so bezeugt sie nicht die inneren Kohäsionskräfte zwischen den Atomen und Molekülen, die das Material bilden (und ihm nur seine allgemeinen Eigenschaften, wie Dichte, Härte, Leitfähigkeit usw., verleihen), sondern die *äußeren* Kräfte, die die Struktur *gestaltet* haben. Dagegen müßte das Programm die Tatsache festhalten, daß die Struktur eines Lebewesens aus einem völlig anderen Prozeß hervorgeht; es verdankt fast nichts der Einwirkung äußerer Kräfte, aber alles – von der allgemeinen Gestalt bis in die kleinste Einzelheit – seinen inneren, »morphogenetischen« Wechselwirkungen. Seine Struktur beweist eine klare und uneingeschränkte Selbstbestimmung, die eine quasi totale »Freiheit« gegenüber äußeren Kräften und Bedingungen einschließt. Äußere Bedingungen können die Entfaltung des lebenden Objekts wohl behindern, nicht jedoch lenken; sie können ihm seine Organisation nicht aufzwingen. Durch den autonomen und spontanen Charakter der morphogenetischen Prozesse, in denen sich ihre makroskopische Struktur aufbaut, unterscheiden sich die Lebewesen absolut von den Artefakten wie übrigens auch von den meisten natürlichen Objekten, deren makroskopische Morphologie zum großen Teil von der Einwirkung äußerer Kräfte herrührt – bis auf eine Ausnahme: Wieder sind es die Kristalle, deren charakteristische Geometrie die mikroskopischen Wechselwirkungen innerhalb des Objekts widerspiegelt. Nur aufgrund *dieses* Kriteriums wären die Kristalle also bei den Lebewesen einzuordnen; Artefakte und natürliche Objekte würden, weil sie durch äußere Einwirkung geformt wurden, eine andere Klasse darstellen.

Daß die Strukturen der Kristalle und der Lebewesen einander durch dieses Merkmal wie auch durch ihre Regelmäßigkeit und ihr wiederholtes Auftreten so nahe kommen sollen, könnte dem Programmierer, selbst wenn er von moderner Biologie nichts versteht, zu denken geben. Er müßte sich fragen, ob die inneren Kräfte, die den Lebewesen ihre makroskopische Struktur vermitteln, nicht von

Maschinen, die sich selbst konstruieren

gleicher Art sind wie die mikroskopischen Wechselwirkungen, die für die kristalline Morphologie verantwortlich sind. Daß es sich allerdings so verhält, ist einer der Hauptgedanken, die in den folgenden Kapiteln der vorliegenden Arbeit verfolgt werden. Gegenwärtig versuchen wir, durch absolut generelle Kriterien die makroskopischen Eigenschaften zu bestimmen, in denen die Lebewesen sich von allen anderen Objekten im Universum unterscheiden.

Nachdem er »entdeckt« hat, daß ein autonomer innerer Determinismus für die Herausbildung der äußerst komplexen Strukturen der Lebewesen sorgt, müßte unser Programmierer, der zwar von Biologie nichts versteht, aber von Beruf »Informatiker« ist, mit Notwendigkeit erkennen, daß solche Strukturen eine beträchtliche Menge an Informationen darstellen, deren Quelle noch festzustellen bleibt, denn jede zum Ausdruck gekommene und folglich aufgefangene Information setzt einen Absender voraus.

Maschinen, die sich reproduzieren

Nehmen wir an, daß der Programmierer seine Untersuchung fortsetzt und schließlich seine letzte Entdeckung macht: daß nämlich der Absender der in der Struktur eines Lebewesens ausgedrückten Information *immer* ein anderes, mit diesem Lebewesen identisches Objekt ist. Unser Programmierer hat jetzt die Informationsquelle festgestellt und eine dritte bemerkenswerte Eigenschaft erkannt: Diese Objekte sind fähig, die ihrer eigenen Struktur entsprechende Information *ne varietur,* also unverändert, zu reproduzieren und zu übertragen. Diese Information ist sehr reichhaltig, denn sie beschreibt einen überaus komplexen Aufbau, doch bleibt sie von Generation zu Generation vollständig erhalten. Wir bezeichnen diese Eigenschaft als *invariante Reproduktion* oder einfach als *Invarianz.*

An dieser Stelle wird man anmerken, daß die Lebewesen und die kristallinen Strukturen durch ihre Eigenschaft der invarianten Reproduktion ein weiteres Mal in Analogie gebracht und allen anderen bekannten Objekten im Universum gegenübergestellt werden. Doch weiß man, daß einige Substanzen in übersättigter Lösung nicht kristallisieren, solange der Lösung keine Kristallkeime zugefügt worden sind. Handelt es sich um eine Substanz, die in zwei verschiedenen Systemen kristallisieren kann, dann werden außerdem die in der Lösung erscheinenden Kristalle in ihrer Struktur durch diejenige der verwendeten Keime bestimmt. Die Informationsmenge, die von den Kristallstrukturen dargestellt wird, ist indessen um mehrere Größenordnungen kleiner als die Menge, die bei den einfachsten uns bekannten Lebewesen von einer Generation zur anderen übertragen wird. Dieses rein quantitative Merkmal – das muß betont werden – erlaubt es, die Lebewesen von allen anderen Objekten, auch den Kristallen, zu unterscheiden.

Überlassen wir jetzt den Programmierer vom Mars, von dem wir angenommen haben, daß er die Biologie nicht kennt, seinen Überlegungen. Dieses Gedankenexperiment sollte uns nur dazu zwingen, die allgemeinsten Eigenschaften »wiederzuentdecken«, die alle Lebewesen auszeichnen und vom übrigen Universum unterscheiden. Geben wir jetzt zu, daß wir die Biologie kennen (soweit man sie heute kennen kann), um die fraglichen Eigenschaften zu analysieren und eine genauere, wenn möglich quantitative Bestimmung zu versuchen. Drei Eigenschaften haben wir gefunden: die Teleonomie, die autonome Morphogenese und die reproduktive Invarianz.

Von diesen drei Eigenschaften ist die Invarianz am leichtesten quantitativ zu definieren. Da es sich um die Fähig-

Seltsame Eigenschaften: Invarianz und Teleonomie

keit handelt, eine Struktur von hohem Ordnungsgrad zu reproduzieren, und da der Ordnungsgrad einer Struktur in Informationseinheiten gemessen werden kann, sagen wir, daß der »Invarianzgehalt« einer gegebenen Art der Informationsmenge gleicht, die bei der Übertragung von einer Generation zur nächsten die Erhaltung der spezifischen Strukturnorm sichert. Wir werden sehen, daß es mit Hilfe einiger Hypothesen möglich ist, zu einer Schätzung dieser Größe zu gelangen.

Nachdem wir dies festgestellt haben, können wir uns näher mit dem Begriff befassen, der sich bei der Untersuchung der Strukturen und Leistungen von Lebewesen am unmittelbarsten aufdrängt, dem Begriff der Teleonomie, der sich in der Analyse allerdings als sehr zweideutig erweist, da er die subjektive Vorstellung eines »Projekts« einschließt. Erinnern wir uns an das Beispiel des Photoapparats. Wenn wir annehmen, daß die Existenz dieses Objekts und seine Struktur das »Projekt« verwirklichen, Bilder einzufangen, dann müssen wir offensichtlich auch annehmen, daß mit dem Auftauchen des Wirbeltierauges ein ähnliches »Projekt« erfüllt wird.

Aber jedes erdenkliche Einzelprojekt hat nur Sinn als Teil eines allgemeineren Projekts. Alle funktionalen Anpassungen der Lebewesen wie auch die von ihnen gestalteten Artefakte verwirklichen Einzelprojekte, die man als Aspekte oder Teilstücke eines einmaligen ursprünglichen Projekts betrachten kann, das in der Erhaltung und Vermehrung der Art besteht.

Wir treffen, um es genauer zu sagen, die willkürliche Entscheidung, das teleonomische Projekt derart zu definieren, daß es im wesentlichen in der Übertragung des für die Art charakteristischen Invarianzgehalts von einer Generation auf die nächste besteht. Alle Strukturen, alle Leistungen, alle Tätigkeiten, die zum Erfolg des eigentlichen Projekts beitragen, werden also »teleonomisch« genannt.

Damit können wir eine erste Definition des teleonomischen »Niveaus« einer Art geben. Man kann nämlich sagen, daß alle teleonomischen Strukturen und Leistungen einer bestimmten Informationsmenge entsprechen, die übertragen werden muß, damit diese Strukturen verwirklicht und diese Leistungen erfüllt werden können. Nennen wir diese Menge die »teleonomische Information«. Man kann jetzt sagen, daß das »Teleonomie-Niveau« einer gegebenen Art der Informationsmenge entspricht, die im Durchschnitt vom Einzelwesen übertragen werden muß, um die Übermittlung des arteigenen Gehalts an reproduktiver Invarianz an die folgende Generation zu gewährleisten.

Man wird schnell erkennen, daß bei den verschiedenen Arten und auf den verschiedenen Stufen der Tierordnung für die Verwirklichung des grundlegenden teleonomischen Projekts (d. h. der invarianten Reproduktion) vielfältige, mehr oder weniger raffinierte und komplexe Strukturen und Leistungen benutzt werden. Es muß betont werden, daß es sich dabei nicht nur um Tätigkeiten handelt, die direkt mit der Reproduktion im eigentlichen Sinne verbunden sind; es geht um alle Tätigkeiten, die – und sei es auch nur sehr indirekt – zum Überleben und zur Vermehrung der Art beitragen. Das Spiel ist zum Beispiel bei den Jungen der höheren Säugetiere ein wichtiges Element der psychischen Entwicklung und der gesellschaftlichen Einordnung. Es hat also einen teleonomischen Wert, da es den Gruppenzusammenhang fördert, der seinerseits eine Bedingung für das Überleben und die Ausbreitung der Art ist. Wir stellen uns vor, daß alle diese Leistungen und Strukturen die Aufgabe haben, dem teleonomischen Projekt zu dienen; ihren Komplexitätsgrad müßte man schätzen. Diese theoretisch definierbare Größe ist praktisch nicht meßbar. Sie erlaubt jedoch, verschiedene Arten oder Klassen wenigstens grob auf einer »teleonomischen Skala« einzuordnen. Um ein extremes Beispiel zu nehmen, stellen wir uns einen schüchternen verliebten Dichter vor, der es nicht wagt, der geliebten Frau seine Liebe zu gestehen, und der sein Verlangen nur symbolisch in den Gedichten ausdrücken kann, die er ihr widmet. Nehmen wir an, daß die Dame schließlich durch diese raffinierten Huldigungen verführt wird und bereit ist, sich dem Dichter hinzugeben. Seine Gedichte hätten dann zum Erfolg des eigentlichen teleonomischen Projekts beigetragen, und die in ihnen enthaltene Information müßte folglich zu den teleonomischen Leistungen gerechnet werden, die die Übertragung der genetischen Invarianz sichern.

Es ist klar, daß der Erfolg des Plans bei anderen Lebewesen, zum Beispiel bei der Maus, keine vergleichbaren Leistungen erfordert. Aber – und dieser Punkt ist wichtig – der Gehalt an genetischer Invarianz ist bei der Maus und beim Menschen ungefähr gleich – tatsächlich bei allen Säugetieren. *Die beiden Größen, die wir zu bestimmen suchten – Teleonomie und Invarianz –, sind also deutlich verschieden.*

Das führt uns zu der sehr wichtigen Frage der Beziehungen zwischen den drei Eigenschaften, die wir als charakteristisch für die Lebewesen erkannt haben: Teleonomie, autonome Morphogenese und Invarianz. Daß das verwendete Untersuchungsprogramm sie nacheinander und unabhängig voneinander festgestellt hat, beweist noch nicht, daß sie nicht einfach drei verschiedene Äußerungen einer einzigen Eigenschaft sind, die – ganz ursprünglich und tief verborgen – sich jeder direkten Beobachtung entzieht.

Wäre das der Fall, so müßte es willkürlich und illusorisch bleiben, wollte man zwischen diesen Eigenschaften einen Unterschied treffen und verschiedene Definitionen für sie suchen. Statt die wahren Probleme zu erhellen, statt das »Geheimnis des Lebens« einzukreisen und es wirklich aufzudecken, würden wir es damit nur magisch beschwören.

Es ist vollkommen richtig, daß diese drei Eigenschaften bei allen Lebewesen eng miteinander verknüpft sind. Die genetische Invarianz offenbart sich nur durch die autonome Morphogenese der Struktur, die den teleonomischen Apparat darstellt.

Ein erster Einwand drängt sich auf: Diese drei Begriffe haben nicht den gleichen Status. Während die Teleonomie und die Invarianz tatsächlich charakteristische »Eigenschaften« der Lebewesen sind, muß der spontane Aufbau eher als ein Mechanismus betrachtet werden. In den folgenden Kapiteln werden wir übrigens sehen, daß dieser Mechanismus sowohl bei der Reproduktion der invarianten Information wie bei der Bildung teleonomischer Strukturen auftritt.

Daß die beiden Eigenschaften schließlich durch diesen Mechanismus hervorgerufen werden, bedeutet aber nicht, daß sie deshalb zusammengeworfen werden dürfen. Es ist möglich und tatsächlich unerläßlich, sie auseinanderzuhalten – und das aus mehreren Gründen.

1. Man kann sich zumindest Objekte *vorstellen,* die sich invariant vermehren können, aber keinen teleonomischen Apparat besitzen. Ein Beispiel dafür bieten die kristallinen Strukturen – freilich auf einer viel niedrigeren Komplexitätsstufe als alle bekannten Lebewesen.

2. Die Unterscheidung zwischen Teleonomie und Invarianz ist keine bloße logische Abstraktion. Sie ist aus chemischen Gründen gerechtfertigt. Denn von den beiden

biologisch wichtigen Klassen von Makromolekülen ist die eine, die Klasse der Proteine, für fast alle teleonomischen Strukturen und Leistungen verantwortlich, während die genetische Invarianz ausschließlich an die andere Klasse, nämlich die der Nukleinsäuren gebunden ist.

3. Wie man im folgenden Kapitel sehen wird, wird diese Unterscheidung schließlich – ausdrücklich oder stillschweigend – in allen Theorien und allen ideologischen (religiösen, wissenschaftlichen oder metaphysischen) Gebilden angenommen, die sich mit der Biosphäre und ihren Beziehungen zum übrigen Universum befassen.

Die Lebewesen sind seltsame Objekte. Die Menschen müssen das zu allen Zeiten mehr oder weniger undeutlich gewußt haben. Weit davon entfernt, diesen Eindruck von Sonderbarkeit zu verwischen, haben die Entwicklung der Naturwissenschaften seit dem 17. Jahrhundert und ihr Aufblühen seit dem 19. Jahrhundert ihn noch verschärft. Angesichts der physikalischen Gesetze, die die makroskopischen Systeme lenken, schien die bloße Existenz von Lebewesen ein Paradoxon darzustellen und einige der Grundprinzipien zu verletzen, auf die sich die moderne Wissenschaft stützt. Aber welche Prinzipien waren das genau? Das ist nicht unmittelbar klar. Also muß man wohl das Wesen dieses oder dieser »Paradoxa« analysieren. Dadurch erhalten wir die Gelegenheit, den Status der beiden für die Lebewesen charakteristischen Haupteigenschaften im Hinblick auf die Naturgesetze zu bestimmen – die reproduktive Invarianz und die Teleonomie.

Die Invarianz scheint tatsächlich eine zunächst äußerst paradoxe Eigenschaft darzustellen, weil die Erhaltung, die Reproduktion und die Vermehrung von Strukturen hoher

Ordnung mit dem Zweiten Hauptsatz der Thermodynamik unvereinbar erscheinen. Denn dieses Prinzip schreibt vor, daß jedes »abgeschlossene« makroskopische System sich nur in Richtung des Abbaus seiner Ordnung entwickeln kann[2]. Diese Aussage des Zweiten Hauptsatzes ist jedoch nur gültig und verifizierbar, wenn man die Gesamtentwicklung eines *energetisch-abgeschlossenen* Systems betrachtet. Innerhalb eines solchen Systems wird man in einer einzelnen Phase die Entstehung und Vermehrung von geordneten Strukturen beobachten können, ohne daß deshalb die Gesamtentwicklung des Systems aufhört, dem Zweiten Hauptsatz zu gehorchen. Die Kristallisation in einer gesättigten Lösung liefert dafür das beste Beispiel. Ein solches System hat eine genau erfaßte Thermodynamik. Der Zusammenschluß von anfänglich ungeordneten Molekülen zu einem vollkommen bestimmten Kristallgitter stellt eine örtliche Zunahme an Ordnung dar, die mit einer Überführung thermischer Energie aus der kristallinen Phase in die Lösung »bezahlt« wird. Die Entropie (Unordnung) des Gesamtsystems wächst um den durch den Zweiten Hauptsatz vorgeschriebenen Betrag.

Das »Paradoxon« der Invarianz

Dieses Beispiel zeigt, daß ein örtlicher Ordnungszuwachs innerhalb eines geschlossenen Systems mit dem Zweiten Hauptsatz vereinbar ist. Wir haben jedoch unterstrichen, daß der Ordnungsgrad selbst des einfachsten Organismus unvergleichlich viel höher ist als der eines Kristalls. Es erhebt sich die Frage, ob die Erhaltung und invariante Vermehrung solcher Strukturen ebenfalls mit dem Zweiten Hauptsatz vereinbar ist. Das kann man durch ein Experiment verifizieren, das sich mit der Kristallisation gut vergleichen läßt.

2 Siehe Anhang IV, S. 236.

Nehmen wir einen Milliliter Wasser, der einige Milligramm eines einfachen Zuckers, etwa Glukose, enthält und Mineralsalze, die die wesentlichen Elemente enthalten, die in die Zusammensetzung der chemischen Bestandteile der Lebewesen eingehen (Stickstoff, Phosphor, Schwefel usw.). Setzen wir in dieses Milieu ein Bakterium etwa der Art *Escherichia coli* (Länge 2μ, Gewicht ungefähr 5×10^{-13} g). Nach einem Zeitraum von 36 Stunden wird die Lösung einige Milliarden Bakterien enthalten. Wir werden feststellen, daß ca. 40 % des Zuckers in Zellbestandteile verwandelt worden sind, während der Rest zu CO_2 und H_2O oxydiert wurde. Führt man das ganze Experiment in einem Kalorimeter durch, so kann man die thermodynamische Bilanz des Vorgangs bestimmen und feststellen, daß – wie im Falle der Kristallisation – die Entropie des Gesamtsystems (Bakterien + Milieu) um ein wenig mehr als den vom Zweiten Hauptsatz vorgeschriebenen Mindestbetrag zugenommen hat. Während die extrem komplexe Struktur, wie sie eine Bakterienzelle darstellt, nicht nur erhalten worden ist, sondern sich mehrere Milliarden Mal vermehrt hat, ist die thermodynamische »Schuld«, die durch diesen Vorgang entstand, ordnungsgemäß geregelt worden.

Der Zweite Hauptsatz wird also keineswegs feststellbar oder meßbar verletzt. Bei der Beobachtung dieses Phänomens wird unsere Naturanschauung aber unvermeidlich stark irritiert sein und noch mehr als vor dem Experiment dessen ganze Seltsamkeit empfinden. Warum? Weil wir ganz deutlich erkennen, daß dieser Prozeß ausschließlich in einer Richtung verläuft – auf die Zellvermehrung hin. Die Zellen freilich verletzen die Gesetze der Thermodynamik nicht, ganz im Gegenteil. Sie begnügen sich nicht allein damit, ihnen zu gehorchen, sie benützen sie sogar, wie es ein guter Ingenieur tun würde, um mit der höchsten Effizienz das Projekt auszuführen, den »Traum« (François Jacob) jeder Zelle zu verwirklichen, zwei Zellen zu werden.

In einem anderen Kapitel dieses Buchs wird versucht, eine Vorstellung von der Komplexität, dem Raffinement und der Leistungsfähigkeit der chemischen Anlage zu vermitteln, die für die Verwirklichung dieses Projekts nötig ist. Das Projekt erfordert die Synthese von mehreren hundert verschiedener chemischer Bausteine und deren Zusammenschluß zu mehreren tausend Arten von Makromolekülen; das Projekt verlangt, daß das durch die Oxydation des Zuckers freigesetzte chemische Potential mobilisiert und dort eingesetzt wird, wo es benötigt wird, und es erfordert den Aufbau der Zellorganellen. In der invarianten Reproduktion dieser Strukturen gibt es jedoch kein physikalisches Paradoxon: Der thermodynamische Preis für die Invarianz wird auf den Pfennig genau bezahlt – dank der Perfektion des teleonomischen Apparats, der mit den Kalorien geizt und bei seiner unendlich komplexen Aufgabe einen Wirkungsgrad erreicht, dem die von den Menschen erbauten Maschinen kaum nahekommen. Dieser Apparat ist vollkommen logisch, erstaunlich rationell und seiner Bestimmung völlig angepaßt: die Strukturnorm zu erhalten und zu reproduzieren. Und das nicht, indem er die Naturgesetze überschreitet, sondern durch ihre Ausnützung zum ausschließlichen Vorteil seiner persönlichen Eigenart. Das »Wunder« besteht darin, daß es dieses Projekt gibt, das durch den teleonomischen Apparat gleichzeitig erfüllt und verfolgt wird. Das Wunder? Nein; die wirkliche Frage stellt sich auf einer anderen, viel tieferen Ebene als der der Naturgesetze; es geht um unser Verständnis, unsere Intuition des Phänomens. In Wirklichkeit gibt es kein Paradoxon oder Wunder, aber es gibt einen krassen erkenntnistheoretischen *Widerspruch*.

Teleonomie und Objektivitätsgrundsatz

Grundpfeiler der wissenschaftlichen Methode ist das Postulat der Objektivität der Natur. Das bedeutet die *systematische* Absage an jede Erwägung, es könne zu einer »wahren« Erkenntnis führen, wenn man die Erscheinungen durch eine Endursache, d. h. durch ein »Projekt«, deutet. Die Entdeckung dieses Grundsatzes läßt sich genau datieren. Galilei und Descartes haben mit der Formulierung des Trägheitsprinzips nicht nur die Mechanik, sondern auch die Erkenntnistheorie der modernen Wissenschaft begründet und damit die aristotelische Physik und Kosmologie außer Kraft gesetzt. Den Vorläufern von Descartes hat es gewiß weder an Verstand, noch an Logik, noch an Erfahrung oder gar am Einfall gemangelt, Verstand, Logik und Erfahrung systematisch miteinander zu konfrontieren. Doch nur auf diesen Grundlagen konnte die Wissenschaft, so wie wir sie heute verstehen, sich nicht konstituieren. Dazu brauchte man noch die strenge Zensur der Objektivitätsforderung. Diese ist ein reines, für immer unbeweisbares Postulat, denn es ist offensichtlich unmöglich, ein Experiment zu ersinnen, durch das man die *Nicht-Existenz* eines Projekts, eines irgendwo in der Natur angestrebten Zieles beweisen könnte.

Aber das Objektivitätspostulat ist mit der Wissenschaft gleichzusetzen. Es hat ihre außerordentliche Entwicklung seit dreihundert Jahren angeführt. Sich seiner – und sei es nur provisorisch oder in einem begrenzten Bereich – zu entledigen, ist unmöglich, ohne daß man auch den Bereich der Wissenschaft verläßt.

Die Objektivität selbst zwingt uns aber, den teleonomischen Charakter der Lebewesen anzuerkennen und zuzugeben, daß sie in ihren Strukturen und Leistungen ein Projekt verwirklichen und verfolgen. Hier ist also, zumindest scheinbar, ein tiefer erkenntnistheoretischer Widerspruch.

Das zentrale Problem der Biologie ist eben dieser Widerspruch, der als ein nur scheinbarer aufzulösen oder, wenn es sich wirklich so verhält, als grundsätzlich unlösbar zu beweisen ist.

Kapitel II
Vitalismen und Animismen

Die teleonomischen Eigenschaften der Lebewesen scheinen eines der Basispostulate der modernen Erkenntnistheorie in Frage zu stellen. Schon deshalb ist eine implizite oder explizite Lösung dieses Problems die *notwendige* Voraussetzung jeder philosophischen, religiösen oder wissenschaftlichen Weltanschauung. Jede Lösung, wie sie im übrigen auch motiviert sein mag, setzt ihrerseits mit gleicher Unvermeidlichkeit eine Annahme darüber voraus, welcher der beiden für die Lebewesen charakteristischen Eigenschaften (Invarianz und Teleonomie) die ursächliche und zeitliche Priorität zukommt.

Das Grunddilemma: die Priorität von Invarianz und Teleonomie

Wir behalten es einem späteren Kapitel vor, die Hypothese darzustellen und zu begründen, die in den Augen der modernen Wissenschaft als einzig annehmbare betrachtet wird: daß nämlich die Invarianz der Teleonomie notwendig vorausgeht. Das ist, um es deutlicher zu sagen, die darwinistische Vorstellung, daß das Auftreten, die Evolution* und die fortschreitende Verfeinerung von immer

---

* Der Ausdruck »Evolution« hat sich in der Biologie durchgesetzt. Früher sprach man von der »Abstammung« oder der »Entstehung der Arten«. »Evolution« läßt sich nicht durch »Entwicklung« übersetzen: dieser Ausdruck ist der Entwicklung der Organismen vorbehalten. Anm. d. Übers.

stärker teleonomischen Strukturen auf Störungen zurückzuführen sind, die in einer Struktur eintreten, die *schon die Eigenschaft der Invarianz besitzt* und deshalb »den Zufall konservieren« und seine Ergebnisse dem Spiel der natürlichen Selektion* unterwerfen kann.

Die hier von mir knapp und dogmatisch angedeutete Theorie ist selbstverständlich nicht die Theorie, die Darwin selber hatte; er konnte zu seiner Zeit keine Vorstellung besitzen von den chemischen Zusammenhängen der reproduktiven Invarianz oder von der Art der Störungen, die diese Zusammenhänge erfahren. Man nimmt dem Darwinschen Genie jedoch nichts, wenn man feststellt, daß die Theorie der Evolution durch Selektion erst vor weniger als zwanzig Jahren zu ihrer vollen Bedeutung, zu ihrer ganzen Bestimmtheit und Klarheit gelangen konnte.

Die Selektionstheorie macht die Teleonomie zu einer sekundären Eigenschaft und leitet sie aus der Invarianz ab, die allein als ursprünglich betrachtet wird. Von allen bisher vorgetragenen Theorien ist sie die einzige, die sich mit dem Objektivitätspostulat vereinbaren läßt. Sie ist ebenfalls die einzige Theorie, die sich nicht nur mit der modernen Physik vereinbaren läßt, sondern sich ohne Einschränkungen oder Zusätze auf sie stützt. Und schließlich ist es die Theorie der Evolution durch Selektion, die der Biologie ihren erkenntnistheoretischen Zusammenhalt gibt und ihr unter den Wissenschaften von der »objektiven Natur« ihre Stellung verleiht. Das ist gewiß ein starkes Argument zugunsten der Theorie, würde aber zu ihrem Beweise nicht ausreichen.

---

* »Auslese«, zuvor die »natürliche Zuchtwahl«: der Prozeß, durch den nicht alle Exemplare einer Art zur Vermehrung zugelassen werden. Anm. d. Übers.

Alle anderen Konzeptionen, wie sie explizit vorgetragen worden sind, um die Eigentümlichkeit der Lebewesen darzulegen, oder wie sie implizit in den religiösen Ideologien und in der Mehrzahl der großen philosophischen Systeme enthalten sind, nehmen die entgegengesetzte Hypothese an: die Invarianz, die Ontogenese und die Evolution seien Äußerungen eines ursprünglichen teleonomischen Prinzips, das *die Invarianz aufrechterhält, die Ontogenese lenkt und die Richtung der Evolution bestimmt.* In diesem Kapitel werde ich schematisch die Denkweise dieser Interpretationen untersuchen, die sich dem Anschein nach sehr unterscheiden, die aber alle eine teilweise oder völlige, eine eingestandene oder uneingestandene, eine bewußte oder unbewußte Preisgabe des Objektivitätspostulats einschließen. Es wird tunlich sein, zu diesem Zweck eine – freilich ein wenig willkürliche – Klassifikation dieser Konzeptionen vorzunehmen, entsprechend der Natur und dem angenommenen Geltungsbereich des teleonomischen Prinzips, auf das sie sich berufen.

So kann man einerseits eine erste Gruppe von Theorien definieren, die ein teleonomisches Prinzip annehmen, das ausdrücklich nur innerhalb der Biosphäre, innerhalb der »lebenden Materie«, wirksam sein soll. Diese Theorien, die ich *vitalistisch* nenne, machen also zwischen den Lebewesen und der unbelebten Welt einen radikalen Unterschied.

Auf der anderen Seite kann man die Konzeptionen zusammenfassen, die sich auf ein *universelles* teleonomisches Prinzip berufen, das für die Entwicklung des Kosmos ebenso verantwortlich sein soll wie für die Evolution der Biosphäre, in der es nur deutlicher und stärker zum Ausdruck kommt. Diese Theorien erblicken in den Lebewesen die entwickeltsten und vollkommensten Produkte einer umfassend gerichteten Evolution, die beim Menschen und der Menschheit endete, weil sie dort enden *sollte*. Diese Auffassungen, die ich »animistisch« nenne, sind in vieler Hinsicht interessanter als die vitalistischen Theorien, denen ich nur eine kurze Darstellung widmen werde [1].

Unter den vitalistischen Theorien lassen sich sehr unterschiedliche Tendenzen feststellen. Ich werde mich hier damit begnügen, zwischen dem – wie ich es nennen möchte – »metaphysischen Vitalismus« und dem »wissenschaftlichen Vitalismus« zu unterscheiden.

Der metaphysische Vitalismus

Der bekannteste Vorkämpfer eines metaphysischen Vitalismus war zweifellos Bergson. Es ist bekannt, daß seine Philosophie dank eines verführerischen Stils und einer bildhaften Dialektik, die der Logik, nicht aber der Poesie entbehrte, einen ungeheuren Erfolg erlebt hat. Heute scheint sie fast vollständig in Mißkredit gefallen zu sein, während man zu meiner Jugendzeit nicht hoffen konnte, das Abitur zu bestehen, ohne die ›Schöpferische Entwicklung‹ gelesen zu haben. Es muß also daran erinnert werden, daß diese Philosophie gänzlich auf einer bestimmten Vorstellung vom Leben beruht, das als ein »Drang«, ein »Strom« aufgefaßt wird, der sich von der unbelebten Materie radikal unterscheidet, aber mit ihr kämpft und sie »durchdringt«, um sie zu zwingen, sich zu organisieren. Im Gegensatz zu fast allen Vitalismen und Animismen ist Bergsons Auffassung nicht finalistisch. Er weigert sich, die dem Leben eigentümliche Spontaneität in irgendeiner Bestimmung festzulegen. Die Evolution, die mit dem Lebensdrang zusammen-

---

[1] Es ist vielleicht hervorzuheben, daß ich hier die Bestimmungen »animistisch« und »vitalistisch« in einem besonderen Sinne benutze, der sich von der gebräuchlichen Verwendung ein wenig abhebt.

fällt, kann also weder Endzweck noch Ursache haben. Das höchste Stadium, zu dem die Evolution gelangt ist, ohne daß sie es jedoch angestrebt oder vorhergesehen hat, ist der Mensch. Er ist vielmehr Ausdruck und Beweis der totalen Freiheit des schöpferischen Dranges.

Mit dieser Auffassung verbindet sich eine andere, die von Bergson als grundlegend erachtet wird: Die rationale Intelligenz ist ein Erkenntniswerkzeug, das speziell der Beherrschung der trägen Materie angepaßt, aber völlig unfähig ist, die Erscheinungen des Lebens zu erfassen. Allein der Instinkt, mit dem Lebensdrang wesensgleich, kann eine unmittelbare, umfassende Intuition der Lebensphänomene geben. Jede analytische, rationale Abhandlung* über das Leben ist folglich sinnlos oder vielmehr gegenstandslos. Die hohe Entwicklung der rationalen Intelligenz beim *homo sapiens* hat zu einer bedenklichen und beklagenswerten Verarmung seiner intuitiven Fähigkeiten geführt, deren Reichtum wiederzuerlangen wir heute versuchen müssen.

Ich werde nicht versuchen, diese Philosophie zu diskutieren – sie eignet sich übrigens nicht dazu. Eingesperrt in die Logik und arm an umfassenden Ahnungen, fühle ich mich dazu auch nicht in der Lage. Deshalb halte ich jedoch Bergsons Haltung nicht für unbedeutend, ganz im Gegenteil. Der bewußte oder unbewußte Aufstand gegen das Rationale und der Respekt, den man dem *Es* auf Kosten des *Ich* schenkt, sind Zeichen unserer Zeit (ohne von der schöpferischen Spontaneität zu reden). Wenn Bergson eine weni-

---

* Der Autor spricht von »discours« nach Descartes' ›Discours de la Méthode‹ (Abhandlung über die Methode); an anderer Stelle mit »Rede« übersetzt. Damit ist der Ausdruck einer argumentierenden Abhandlung, eines »diskursiven« Denkens, gemeint. Anm. d. Übers.

ger klare Sprache und einen »tieferen« Stil benützt hätte, würde man ihn heute wieder lesen [2].

Der »wissenschaftliche« Vitalismus

Es hat viele »wissenschaftliche« Vitalisten gegeben. Zu ihnen zählen Wissenschaftler von hohem Rang. Aber während sich vor fünfzig Jahren die Vitalisten unter den Biologen rekrutierten (der bekannteste, Driesch, gab die Embryologie zugunsten der Philosophie auf), kommen sie heute hauptsächlich aus den Reihen der Physiker, wie etwa Elsässer und Polanyi. Man kann gewiß verstehen, daß Physiker stärker noch als Biologen von der Eigentümlichkeit der Lebewesen betroffen sind. Elsässers Stellung zum Beispiel ist, schematisch zusammengefaßt, die folgende.

Die merkwürdigen Eigenschaften der Invarianz und der Teleonomie verletzten sicher nicht die physikalischen Gesetze, aber *sie sind nicht vollständig erklärbar* mit Hilfe physikalischer Kräfte und chemischer Wechselwirkungen, die sich an unbelebten Systemen beobachten lassen. Folglich wird die Annahme nötig, daß zu den physikalischen Prinzipien andere *hinzutreten,* die in der lebenden Materie, nicht aber in unbelebten Systemen wirksam sind, wo diese, ausschließlich für das Lebendige gültigen Prinzipien deshalb auch nicht entdeckt werden konnten. Diese Prinzipien (oder biotonischen Gesetze, um Elsässers Terminologie zu verwenden) gilt es aufzuklären.

---

2 In Bergsons Denken fehlt es natürlich nicht an Unklarheiten und greifbaren Widersprüchen. Es scheint, als könne man zum Beispiel bestreiten, daß der Dualismus bei Bergson notwendig ist: Vielleicht muß man ihn als abgeleitet aus einem ursprünglichen Monismus betrachten? (Persönliche Mitteilung von C. Blanchard.) Ich denke selbstverständlich nicht daran, hier das Bergsonsche Denken in seinen Verästelungen zu analysieren, sondern nur in seinen unmittelbarsten Folgerungen für die Theorie lebender Systeme.

Selbst der große Niels Bohr hat – wie es scheint – solche Hypothesen nicht verworfen. Er wollte jedoch nicht den Beweis erbringen, daß sie nötig seien. Sind sie es? Darauf kommt es entschieden an. Besonders Elsässer und Polanyi behaupten es. Man kann aber zumindest sagen, daß es der Argumentation dieser Physiker merkwürdig an Stärke und Entschlossenheit fehlt.

Ihre Argumente beziehen sich auf jede der beiden sonderbaren Eigenschaften. Was die Invarianz betrifft, so ist ihr Wesen heute so gut bekannt, daß man behaupten kann, ein außerphysikalisches Prinzip sei nicht nötig, um sie zu erklären (vgl. Kap. VI).

Bleibt noch die Teleonomie, oder genauer: bleiben die morphogenetischen Abläufe, welche die teleonomischen Strukturen aufbauen. Es ist vollkommen richtig, daß die embryonale Entwicklung offenbar eines der wunderbarsten Phänomene der gesamten Biologie ist. Auch ist es richtig, daß diese von den Embryologen in bewundernswerter Weise beschriebenen Erscheinungen sich noch (aus technischen Gründen) zum größten Teil der genetischen und biochemischen Analyse entziehen, die offenbar allein in der Lage wäre, sie aufzuhellen. Die Einstellung der Vitalisten, die der Ansicht sind, die physikalischen Gesetze seien zur Erklärung der Embryogenese unzureichend oder würden sich jedenfalls als unzureichend erweisen, ist also nicht durch klare Erkenntnisse, durch abgeschlossene Beobachtungen, sondern nur durch unsere gegenwärtige Unkenntnis gerechtfertigt.

Dagegen haben unsere Erkenntnisse über die molekularen kybernetischen Funktionen, die die Tätigkeit und das Wachstum der Zellen regeln, beträchtliche Fortschritte gemacht und werden zweifellos in naher Zukunft zur Erklärung der Entwicklung beitragen. Die Erörterung dieser

Funktionen behalten wir dem Kapitel IV vor, wodurch wir Gelegenheit haben werden, auf einige Argumente der Vitalisten zurückzukommen. Um zu überleben, hat der Vitalismus es nötig, daß in der Biologie, wenn nicht wirkliche Paradoxa, so doch zumindest »Geheimnisse« erhalten bleiben. Die Entwicklungen der letzten zwanzig Jahre in der Molekularbiologie haben den Bereich der Geheimnisse außerordentlich zusammenschrumpfen lassen; dadurch blieb den Spekulationen der Vitalisten kaum mehr als das weite Feld der Subjektivität offen – der Bereich des Bewußtseins. Man geht kein großes Risiko ein mit der Voraussage, daß diese Spekulationen sich auf diesem, im Augenblick noch unzugänglichen Gebiet als ebenso unfruchtbar erweisen werden wie überall, wo das bisher auch offenkundig der Fall war.

Die animistischen Vorstellungen gehen bis auf die Kindheitstage der Menschheit, vielleicht bis vor das Erscheinen des *homo sapiens* zurück und haben noch tiefe und starke Wurzeln in der Seele des modernen Menschen.

Die »animistische Projektion« und der »Alte Bund«

Unsere Vorfahren konnten zweifellos nur sehr verworren die Fremdartigkeit ihrer Beschaffenheit wahrnehmen. Sie hatten nicht die Gründe, die wir heute haben, sich fremd zu fühlen in der Welt, die sie vor Augen hatten. Was sahen sie dort zunächst? Tiere, Pflanzen; Wesen, deren Natur sie auf den ersten Blick durchschauen konnten, weil sie der eigenen glich. Die Pflanzen wachsen, streben zur Sonne, sterben. Die Tiere jagen ihre Beute, greifen ihre Feinde an, nähren und verteidigen ihre Nachkommen; die Männchen schlagen sich um den Besitz eines Weibchens. Die Pflanzen, die Tiere wie auch der Mensch selbst waren leicht zu erklären: Diese Wesen haben ein Projekt, das darin besteht, zu leben und als Art in den Nachkommen zu überleben – und sei es um den Preis des eigenen Lebens. Das Projekt erklärt das Dasein, und das Dasein hat nur durch sein Projekt einen Sinn.

Unsere Vorfahren erblickten um sich herum aber auch andere, sehr viel geheimnisvollere Gegenstände: Felsen, Flüsse, Berge, das Gewitter, den Regen und die Himmelskörper. Wenn diese Objekte existierten, so mußte das wohl auch um eines Projekts willen sein, und sie mußten eine Seele besitzen, um dieses zu nähren. So löste sich für diese Menschen die Fremdheit des Universums auf: Es gibt in Wirklichkeit keine unbeseelten Objekte; das wäre unverständlich. Im Schoße des Flusses und auf dem Gipfel des Berges nähren verborgene Seelen Projekte, die gewaltiger und undurchdringlicher sind als die durchsichtigen Pläne der Menschen und der Tiere. So konnten unsere Vorfahren in den Gestalten und Ereignissen der Natur das Wirken von Kräften erblicken, die freundlich oder feindlich gesonnen, niemals jedoch gleichgültig, niemals völlig fremd waren.

Die wesentliche Maßnahme des Animismus – so wie ich ihn hier definieren will – besteht darin, daß er das Bewußtsein, welches der Mensch von der stark teleonomischen Wirkungsweise seines eigenen Zentralnervensystems hat, in die unbeseelte Natur projiziert. Das ist, mit anderen Worten, die Hypothese, daß die Naturerscheinungen entschieden in der gleichen Weise, durch die gleichen »Gesetze« erklärt werden können und erklärt werden müssen wie das bewußte, absichtsvolle, subjektive Handeln der Menschen. Der primitive Animismus formulierte diese Hypothese in völliger Naivität, voller Freimut und Klarheit und bevölkerte so die Natur mit liebenswürdigen und furchtbaren Mythen, die jahrhundertelang der Kunst und der Dichtung Nahrung gegeben haben.

Man täte unrecht, würde man diese Naivität belächeln, und wäre es mit der Zärtlichkeit und dem Respekt, wie wir ihn Kindern gegenüber zeigen. Glaubt man denn, die moderne Kultur habe wirklich auf diese subjektive Naturdeutung verzichtet? Der Animismus stellte zwischen der Natur und dem Menschen eine innere Verbindung her, neben der sich nur eine erschreckende Einsamkeit auszubreiten schien. Muß man dieses Band zerreißen, weil das Objektivitätspostulat es fordert? Die Ideengeschichte seit dem 17. Jahrhundert zeugt von den Bemühungen, die die größten Geister nicht gescheut haben, um den Bruch zu vermeiden und den Ring des »Alten Bundes« neu zu schmieden. Man denke an so grandiose Versuche wie den von Leibniz, an das ungeheuer große und erdrückende Denkmal, das Hegel errichtet hat. Der Idealismus ist jedoch bei weitem nicht die einzige Zuflucht eines kosmischen Animismus gewesen. Die animistische Projektion findet man sogar in mehr oder weniger verschleierter Gestalt im Zentrum einiger Ideologien wieder, die ihrem ausdrücklichen Anspruch nach in der Wissenschaft begründet sind.

Der »wissenschaftliche« Fortschrittsglaube

Die biologische Philosophie von Teilhard de Chardin hätte es nicht verdient, daß man sich mit ihr aufhält, wäre nicht der überraschende Erfolg, den sie bis in die Kreise der Wissenschaft gefunden hat – ein Erfolg, der von der Angst und von dem Bedürfnis zeugt, den Bund neu zu knüpfen. Teilhard nimmt ihn ohne Umschweife wieder auf. Seine Philosophie stützt sich wie die Bergsons völlig auf ein evolutionistisches Ausgangspostulat. Aber im Gegensatz zu Bergson nimmt er an, die Evolutionskraft wirke im gesamten Universum, von den Elementarteilchen bis zu den Spiralnebeln. Es gibt keine »träge« Materie und folglich keinen wesensmäßigen Unterschied zwischen Materie und Leben. Der Wunsch, diese Konzeption als »wissenschaftlich« anzubieten, bringt Teilhard dazu, sie auf eine neue Definition der Energie zu stützen. Die Energie soll sich gewissermaßen auf zwei Vektoren verteilen, deren einer (so vermute ich) die »gewöhnliche« Energie darstellt, während der andere der Kraft der aufsteigenden Evolution entsprechen soll. Die Biosphäre und der Mensch sind die gegenwärtigen Produkte dieser am geistigen Vektor der Energie entlang aufsteigenden Linie. Diese Evolution soll sich so lange fortsetzen, bis alle Energie an diesem Vektor konzentriert ist: Das ist dann der Punkt ω.

Obwohl die Logik von Teilhard zweifelhaft und sein Stil schwerfällig ist, wollen manche, die seine Ideologie nicht völlig akzeptieren, eine gewisse poetische Größe darin sehen. Mich stößt bei dieser Philosophie der Mangel an intellektueller Schärfe und Nüchternheit ab. Ich sehe darin vor allem eine systematische Bereitschaft, um jeden Preis alles miteinander versöhnen, allem stattgeben zu wollen. Alles in allem war Teilhard vielleicht nicht umsonst Mitglied jenes Ordens, den Pascal drei Jahrhunderte zuvor wegen seiner theologischen Laxheit attackierte.

Die Vorstellung, die alte animistische Verbindung mit der Natur wiederzufinden oder durch eine universelle Theorie neu zu schaffen, derzufolge die Evolution der Biosphäre bis zum Menschen bruchlos aus der kosmischen Evolution folgt – diese Vorstellung ist selbstverständlich keine Entdeckung von Teilhard. Das ist in der Tat die zentrale Vorstellung des »wissenschaftlichen« Fortschrittsglaubens des 19. Jahrhunderts. Man findet sie im Positivismus von Spencer wie im dialektischen Materialismus von Marx und Engels. Die unbekannte und *unerkennbare* Kraft, die nach Spencer im ganzen Universum wirken soll, um dort Vielfalt und Einheit, Spezialisierung und Ordnung zu schaffen, spielt schließlich genau die gleiche Rolle wie Teilhards »aufsteigende« Energie: Die menschliche Geschichte ist eine Verlängerung der biologischen Evolution, die selber Teil der Evolution des Kosmos ist. Dank diesem einzigartigen Prinzip findet der Mensch die ihm gebührende hervorragende Stellung in der Welt wieder, gleichzeitig mit der Gewißheit des Fortschritts, dem er auf immer verbunden ist.

Die differenzierende Kraft Spencers stellt natürlich (wie die aufsteigende Energie Teilhards) eine animistische Projektion dar. Um der Natur einen Sinn zu geben, damit der Mensch nicht durch eine unergründliche Kluft von ihr getrennt sei, um sie schließlich lesbar und verständlich zu machen, *mußte der Natur ein Projekt unterstellt werden*. In Ermangelung einer Seele, die dieses Projekt hegen könnte, führt man eine »Kraft« der aufsteigenden Evolution in die Natur ein. Das kommt einer Preisgabe des Objektivitätspostulats gleich.

Die animistische Projektion im dialektischen Materialismus

Die wirksamste unter den wissenschaftsgläubigen Ideologien des 19. Jahrhunderts, die auch heute noch über den immerhin umfangreichen Kreis ihrer Anhänger hinaus einen tiefen Einfluß ausübt, ist offensichtlich der Marxismus. Es ist deshalb besonders aufschlußreich, daß auch Marx und Engels in der Absicht, das Gebäude ihrer Gesellschaftslehre auf die Gesetze der Natur zu gründen, zur »animistischen Projektion« Zuflucht genommen haben, viel deutlicher und überlegter noch als Spencer.

Mir scheint es in der Tat unmöglich, die berühmte »Umkehrung«, mit der Marx den dialektischen Materialismus an die Stelle von Hegels idealistischer Dialektik setzte, anders zu interpretieren.

Hegels Postulat, daß die allgemeinsten Gesetze, die die

Welt in ihrer Entwicklung regieren, dialektischer Natur seien, ist in einem System am Platze, das nur dem Geist dauerhafte und authentische Wirklichkeit zuerkennt. Wenn alle Ereignisse, alle Erscheinungen nur teilhafter Ausdruck eines Denkens sind, das sich selber denkt, dann ist es legitim, den unmittelbarsten Ausdruck der universellen Gesetze in der subjektiven Erfahrung der Bewegung des Denkens zu suchen. Und da das Denken dialektisch fortschreitet, beherrschen also die »Gesetze der Dialektik« die gesamte Natur. Diese subjektiven »Gesetze« aber so, wie sie sind, zu nehmen und daraus die Gesetze einer rein materiellen Welt zu machen – das bedeutet, in aller Deutlichkeit und mit allen Konsequenzen die animistische Projektion zu vollziehen, angefangen mit der Aufgabe des Objektivitätspostulats.

Weder Marx noch Engels haben, um sie zu beweisen, die Logik dieser Umkehrung der Dialektik genau untersucht. Nach den zahlreichen Anwendungsbeispielen, die insbesondere Engels (im ›Anti-Dühring‹ und in der ›Dialektik der Natur‹) gibt, kann man jedoch versuchen, die großen Gedanken der Begründer des dialektischen Materialismus zu rekonstruieren. Im folgenden zähle ich die wesentlichen Punkte auf:

1. Die Bewegung ist die Existenzweise der Materie.
2. Das Universum, definiert als die Totalität der allein existierenden Materie, ist in einem Zustand andauernder Entwicklung.
3. Jede wahre Erkenntnis über das Universum trägt zur Einsicht in diese Entwicklung bei.
4. Diese Erkenntnis wird aber nur erlangt in der sich entwickelnden und selber wieder Entwicklungsursache werdenden Wechselwirkung zwischen dem Menschen und

der Materie (oder genauer: der »übrigen« Materie). Jede wahre Erkenntnis ist also »praktisch«.

5. Dieser Wechselwirkung der Erkenntnis ist das Bewußtsein zuzuschreiben. Das bewußte Denken reflektiert daher die Bewegung des Universums.

6. Da also das Denken Teil und Reflex der universellen Bewegung ist und da es sich dialektisch bewegt, muß das Entwicklungsgesetz des Universums dialektisch sein. Deshalb können solche Ausdrücke wie Widerspruch, Affirmation und Negation im Hinblick auf Naturerscheinungen verwendet werden.

7. Die Dialektik ist konstruktiv (besonders dank dem dritten »Gesetz«). Die Entwicklung des Universums ist also selber aufsteigend und konstruktiv. Ihr höchster Ausdruck und ihre notwendigen Produkte sind die menschliche Gesellschaft, das Bewußtsein und das Denken.

8. Indem er den Entwicklungscharakter der Strukturen des Universums betont, geht der dialektische Materialismus gründlich über den Materialismus des 18. Jahrhunderts hinaus, der auf der klassischen Logik beruhte und nur mechanische Wechselwirkungen zwischen invariant gedachten Objekten erkennen konnte und der folglich unfähig blieb, den Gedanken der Entwicklung zu fassen.

Diese Rekonstruktion ist gewiß anfechtbar, und man kann bestreiten, daß sie dem wahren Denken von Marx und Engels entspricht. Das ist jedoch von untergeordneter Bedeutung. Der Einfluß einer Ideologie ist abhängig von der Bedeutung, die sie im Geiste ihrer Anhänger hat und die die Epigonen ihr geben. Zahllose Texte belegen, daß die vorgeschlagene Rekonstruktion mindestens als eine »Vulgata« des dialektischen Materialismus ihre Berechtigung hat. Ich zitiere nur einen Text, der insofern sehr bedeutsam ist, als sein Verfasser, J. B. S. Haldane, ein hervorragender moderner Biologe war. In seinem Vorwort zur englischen Übersetzung der ›Dialektik der Natur‹ schreibt er:

»Der Marxismus betrachtet die Wissenschaft unter zwei Gesichtspunkten. In erster Linie untersuchen die Marxisten die Wissenschaft als eine menschliche Tätigkeit. Sie zeigen, daß die wissenschaftliche Tätigkeit einer Gesellschaft von der Entwicklung ihrer Bedürfnisse abhängt, folglich von ihren Produktionsmethoden, die ihrerseits durch die Wissenschaft ebenso verändert werden wie die Entwicklung der Bedürfnisse. Marx und Engels haben sich jedoch darüberhinaus nicht darauf beschränkt, die Veränderungen der Gesellschaft zu analysieren. In der Dialektik entdecken sie die allgemeinen Gesetze des Wandels nicht nur der Gesellschaft und des menschlichen Denkens, sondern der äußeren Welt, wie sie *durch das menschliche Denken reflektiert* wird. Das bedeutet letzten Endes, daß die Dialektik auf Probleme der ›reinen‹ Wissenschaft ebenso angewandt werden kann wie auf die Beziehungen zwischen Wissenschaft und Gesellschaft.«

Die Außenwelt, wie sie »durch das menschliche Denken reflektiert« wird: Darauf kommt es tatsächlich an. Die Logik der Umkehrung verlangt selbstverständlich, daß diese Widerspiegelung mehr sei als eine mehr oder weniger getreue Abbildung der Außenwelt. Für den dialektischen Materialismus ist es notwendig, daß das »Ding an sich« unverstellt und ungeschmälert, ohne irgendeine Auswahl unter seinen Eigenschaften auf die Ebene des Bewußtseins gelangt. Die Außenwelt muß buchstäblich in der umfassenden Gesamtheit ihrer Strukturen und Bewegungen dem Bewußtsein gegenwärtig sein [3].

---

[3] Zitieren wir deshalb den folgenden Text von Henri Lefebvre (Der dialektische Materialismus. Übers. von Alfred Schmidt. Frank-

Dieser Konzeption könnte man gewiß manche Texte von Marx selbst entgegenhalten. Sie bleibt trotzdem für die logische Kohärenz des dialektischen Materialismus unverzichtbar, was ihre Epigonen – wenn nicht Marx und Engels selbst – wohl gesehen haben. Vergessen wir im übrigen nicht, daß der dialektische Materialismus relativ spät dem schon von Marx errichteten sozio-ökonomischen Lehrgebäude hinzugefügt wurde. Diese Hinzufügung sollte sichtlich aus dem historischen Materialismus eine »Wissenschaft« machen, die auf die Gesetze der Natur selbst gegründet ist.

Die radikale Forderung nach dem »vollkommenen Spiegel« macht es verständlich, warum die materialistischen Dialektiker so erbittert jede Art kritischer Erkenntnistheorie zurückgewiesen haben, die von nun an sogleich als »idealistisch« und »kantianisch« bezeichnet wurde. Diese Haltung ist bei Menschen des 19. Jahrhunderts, bei Zeitgenossen der ersten großen Wissenschaftsexplosion sicher zu einem gewissen Grade verständlich. Damals konnte es wohl den Anschein haben, als sei der Mensch dank der Wissenschaft im Begriff, sich direkt der Natur zu bemächtigen und sogar ihre Substanz an sich zu reißen. Niemand zweifelte

---

furt 1966 (edition suhrkamp), S. 88): »Weit davon entfernt, eine innere Bewegung des Geistes zu sein, ist die Dialektik wirklich vor dem Geist – im Sein. Sie drängt sich dem Geist auf. Wir analysieren zunächst die einfachste und abstrakteste Bewegung, die des dürrsten Denkens; wir entdecken so die allgemeinsten Kategorien und ihre Verkettung. Diese Bewegung müssen wir anschließend wieder mit der konkreten Bewegung, mit dem *gegebenen Inhalt* verbinden; wir werden uns dabei der Tatsache bewußt, daß die Bewegung des Inhalts und des Seins sich für uns in den dialektischen Gesetzen erhellt. Die Widersprüche im Denken gehen nicht nur aus dem Denken, seiner Ohnmacht oder Inkohärenz hervor; sie entspringen auch dem Inhalt. Ihre Verkettung tendiert zum Ausdruck der *Gesamtbewegung des Inhalts* und erhebt diesen auf das Niveau des Bewußtseins und der Reflexion.«

zum Beispiel daran, daß die Gravitation ein Gesetz ist, das man dem Innersten der Natur entrissen hatte.

Wie man weiß, sollte das zweite Zeitalter der Wissenschaft – der Wissenschaft des 20. Jahrhunderts – eingeleitet werden durch eine Rückkehr zu den Quellen, den Quellen der Erkenntnis selbst. Seit Ende des 19. Jahrhunderts wird erneut deutlich, daß eine kritische Erkenntnistheorie als reine Bedingung für die Objektivität der Erkenntnis von absoluter Notwendigkeit ist. Von nun an sind es nicht mehr die Philosophen allein, die sich mit der Kritik befassen, es sind auch die Wissenschaftler, die sich veranlaßt sehen, die Kritik in ihre theoretische Arbeit mit aufzunehmen. Unter eben dieser Bedingung konnten die Relativitätstheorie und die Quantenmechanik sich entwickeln.

Die Notwendigkeit einer kritischen Erkenntnistheorie

Auf der anderen Seite lassen allmählich die Fortschritte der Neurophysiologie und der Experimentalpsychologie das Funktionieren des Nervensystems wenigstens in einigen Aspekten erkennen. Dadurch wird hinreichend deutlich, daß das Zentralnervensystem dem Bewußtsein nur eine solche Information liefern kann und sicher auch soll, die verschlüsselt, umgesetzt und in feststehende Normen eingefügt ist – kurz, eine verarbeitete und nicht einfach nur wiedergegebene Information.

Unhaltbarer als je erscheint uns heute also die These von dem bloßen Reflex, von dem vollkommenen Spiegelbild, das nicht einmal seitenverkehrt ist. Man brauchte freilich nicht die Entwicklungen der Wissenschaft des 20. Jahrhunderts abzuwarten, damit die Verwirrung und der Unsinn sichtbar würden, zu denen diese These unweigerlich führen mußte. Schon der arme Dühring hat diese Verworrenheit denunziert, und um ihm ein Licht zu setzen, hat Engels selber zahlreiche Beispiele für die dialektische Interpretation der Naturerscheinungen gegeben. Man erinnere sich

Der erkenntnistheoretische Zusammenbruch des dialektischen Materialismus

an das berühmte Beispiel des Gerstenkorns, mit dem er das dritte Gesetz (der Dialektik) illustrieren wollte: »... findet solch ein Gerstenkorn die für es normalen Bedingungen vor, fällt es auf günstigen Boden, so geht unter dem Einfluß der Wärme und der Feuchtigkeit eine eigne Veränderung mit ihm vor, es keimt; das Korn vergeht als solches, wird negiert, an seine Stelle tritt die aus ihm entstandne Pflanze, die Negation des Korns. Aber was ist der normale Lebenslauf dieser Pflanze? Sie wächst, blüht, wird befruchtet und produziert schließlich wieder Gerstenkörner, und sobald diese gereift, stirbt der Halm ab, wird seinerseits negiert. Als Resultat dieser Negation der Negation haben wir wieder das anfängliche Gerstenkorn, aber nicht einfach, sondern in zehn-, zwanzig-, dreißigfacher Anzahl...«

Ein bißchen weiter fügt Engels hinzu: »Ebenso in der Mathematik. Nehmen wir eine beliebige algebraische Größe, also a. Negieren wir sie, so haben wir $-a$ (minus a). Negieren wir diese Negation, indem wir $-a$ mit $-a$ multiplizieren, so haben wir $+a^2$, d. h. die ursprüngliche positive Größe, aber auf einer höhern Stufe...«, usw.*.

Diese Beispiele illustrieren vor allem das Ausmaß des erkenntnistheoretischen Bankrotts, der sich aus dem »wissenschaftlichen« Gebrauch dialektischer Interpretationen ergibt. Die modernen materialistischen Dialektiker vermeiden es im allgemeinen, auf ähnliche Albernheiten zu verfallen. Aus dem dialektischen Widerspruch das »Grundgesetz« jeglicher Bewegung, jeglicher Entwicklung zu machen – das läuft auf den Versuch hinaus, eine subjektive Naturdeutung zum System zu erheben, mit deren Hilfe es

---

* Friedrich Engels, Herrn Eugen Dührings Umwälzung der Wissenschaft (»Anti-Dühring«). Berlin (Dietz Verlag) 1948, S. 166 u. 167 f. Anm. d. Übers.

möglich wird, in der Natur eine aufsteigende, konstruktive und schöpferische Bestimmung zu entdecken, sie schließlich verstehbar zu machen und ihr moralische Bedeutung zu verleihen. In welcher Verkleidung sie auch auftritt, die »animistische Projektion« erkennt man immer wieder.

Jedesmal, wenn die materialistischen Dialektiker von ihrem bloßen »theoretischen« Geschwätz abgegangen sind und die Wege der Erfahrungswissenschaft mit Hilfe ihrer Vorstellungen erleuchten wollten, hat sich gezeigt, daß diese Interpretation nicht nur wissenschaftsfremd, sondern mit Wissenschaft unvereinbar ist. Engels selber, der doch von der Wissenschaft seiner Zeit gründliche Kenntnis besaß, war dahin gekommen, im Namen der Dialektik zwei der größten Entdeckungen seiner Zeit abzulehnen: den Zweiten Hauptsatz der Thermodynamik und – trotz seiner Bewunderung für Darwin – die rein selektive Erklärung der Evolution. Aus den gleichen Grundsätzen heraus führte Lenin seine heftigen Angriffe gegen die Erkenntnistheorie Machs, befahl Ždanov später den russischen Philosophen, den »kantianischen Unfug der Kopenhagener Schule« zu attackieren, klagte Lyssenko die Genetiker an, eine Theorie zu unterstützen, die mit dem dialektischen Materialismus grundsätzlich unvereinbar und daher notwendig falsch sei. Trotz allen Leugnens der russischen Genetiker hatte Lyssenko vollkommen recht. Die Theorie vom Gen als der durch Generationen und sogar durch Kreuzungen unveränderten Erbanlage war in der Tat mit den dialektischen Prinzipien ganz und gar nicht zu versöhnen. Das ist *per definitionem* eine idealistische Theorie, da sie auf einem Postulat der Invarianz beruht. Daran ändert auch die Tatsache nichts, daß man heute die Struktur des Gens und den Mechanismus seiner invarianten Reproduktion kennt, denn die Beschreibung, die die moderne Biologie davon gibt, ist eine rein mechanistische. Im günstigsten Falle ist es also immer noch eine Konzeption, die auf einem mechanistischen »Vulgärmaterialismus« beruht und daher »objektiv idealistisch« ist, wie Herr Althusser in seinem strengen Kommentar zu meiner Antrittsvorlesung am Collège de France vermerkt hat.

Ich bin diese verschiedenen Ideologien oder Theorien kurz und sehr unvollständig durchgegangen. Es ist denkbar, daß ich ein entstelltes, weil bruchstückhaftes Bild vermittelt habe. Ich möchte mich dadurch zu rechtfertigen suchen, daß ich hier ausdrücklich nur das herausheben wollte, was diese Vorstellungen bezüglich der Biologie annehmen oder implizieren und welche Beziehung sie insbesondere zwischen Invarianz und Teleonomie annehmen. Man hat gesehen, daß sie alle ohne Ausnahme ein ursprüngliches teleonomisches Prinzip zum Motor der Evolution – sei es allein der Biosphäre, sei es des gesamten Universums – machen. In den Augen der modernen wissenschaftlichen Theorie sind alle diese Konzeptionen falsch, und das nicht nur aus methodischen Gründen (weil sie auf die eine oder die andere Art die Preisgabe des Objektivitätspostulats beinhalten), sondern aus faktischen Gründen, die vor allem im Kapitel VI erörtert werden.

Die anthropozentrische Illusion

Ursache dieser Fehler ist ganz gewiß die anthropozentrische Illusion. Die heliozentrische Theorie, der Trägheitsbegriff, der Objektivitätsgrundsatz – das alles konnte nicht ausreichen, um das alte Trugbild zu zerstreuen. Weit davon entfernt, die Illusion verschwinden zu lassen, schien die Evolutionstheorie ihr neue Realität zu verleihen, indem sie den Menschen nun nicht mehr zum Mittelpunkt, dafür aber zum seit jeher erwarteten natürlichen Erben des gesamten Universums machte. Endlich konnte Gott sterben, weil an seine Stelle diese neue grandiose Täuschung trat. Von nun an ist es die höchste Absicht der Wissenschaft, gestützt auf wenige Grundsätze eine einheitliche Theorie zu formulieren, die die gesamte Wirklichkeit einschließlich der Biosphäre und des Menschen erklärt. Von dieser erhebenden Gewißheit nährte sich der wissenschaftliche Fortschrittsglaube des 19. Jahrhunderts. Diese einheitliche Theorie glaubten die materialistischen Dialektiker tatsächlich schon formuliert zu haben.

Weil es ihm wie ein Anschlag auf die Gewißheit erscheint, daß der Mensch und das menschliche Denken die notwendigen Produkte einer ansteigenden kosmischen Entwicklung sind, wird Engels dazu verleitet, formell den Zweiten Hauptsatz (der Thermodynamik) zu bestreiten. Es ist bezeichnend, daß das schon in der Einleitung zur ›Dialektik der Natur‹ geschieht und daß er unmittelbar an dieses Thema eine leidenschaftliche kosmologische Predigt anknüpft, mit der er, wenn schon nicht der menschlichen Gattung, so mindestens dem »denkenden Gehirn« eine ewige Wiederkehr verspricht. Das ist tatsächlich eine Rückkehr zu einem der ältesten Mythen der Menschheit [4].

---

[4] »Wir kommen also zu dem Schluß, daß auf einem Wege, den es später einmal die Aufgabe der Naturforschung sein wird aufzuzeigen, die in den Weltraum ausgestrahlte Wärme die Möglichkeit haben muß, in eine andre Bewegungsform sich umzusetzen, in der sie wieder zur Sammlung und Betätigung kommen kann. Und damit fällt die Hauptschwierigkeit, die der Rückverwandlung abgelebter Sonnen in glühenden Dunst entgegenstand. (...) Aber wie oft und wie unbarmherzig auch in Zeit und Raum dieser Kreislauf sich vollzieht; wieviel Millionen Sonnen und Erden auch entstehn und vergehn mögen; wie lange es auch dauern mag, bis in einem Sonnensystem nur auf einem Planeten die Bedingungen des organischen Lebens sich herstellen; wie zahllose organische Wesen auch vorhergehn und vorher untergehn müssen,

Die Biosphäre: ein einmaliges, aus den ersten Prinzipien nicht ableitbares Ereignis

Man mußte die zweite Hälfte des 20. Jahrhunderts abwarten, bis sich auch das neue, der Evolutionstheorie aufgepfropfte anthropozentrische Trugbild verflüchtigte. Ich glaube, wir können heute behaupten, daß eine Universaltheorie, so ungeteilt ihr Erfolg im übrigen auch sein mag, niemals die Biosphäre, ihre Struktur und Evolution als Phänomene enthalten kann, die sich aus den ersten Prinzipien *ableiten* ließen.

Diese Behauptung mag unklar erscheinen. Versuchen wir sie zu verdeutlichen: Eine Universaltheorie müßte selbstverständlich gleichzeitig die Relativitätstheorie, die Quantentheorie und eine Theorie der Elementarteilchen einschließen. Vorausgesetzt, es ließen sich bestimmte Ausgangsbedingungen formulieren, dann würde die Welttheorie gleichfalls eine Kosmologie enthalten, die die allgemeine Evolution des Weltalls vorhersagen würde. Wir wissen indessen, daß diese Voraussagen – im Gegensatz zu dem, was Laplace und nach ihm die »materialistische« Wissenschaft und Philosophie des 19. Jahrhundert glaubte – nur statistischen Charakter haben könnten. So würde die Theorie sicher das periodische System der Elemente enthalten, könnte aber nur die Wahrscheinlichkeit ihrer Existenz feststellen. Desgleichen würde sie das Auftreten solcher Objekte wie Spiralnebel oder Planetensysteme vorhersagen,

---

ehe aus ihrer Mitte sich Tiere mit denkfähigem Gehirn entwickeln und für eine kurze Spanne Zeit lebensfähige Bedingungen vorfinden, um dann auch ohne Gnade ausgerottet zu werden – wir haben die Gewißheit, daß die Materie in allen ihren Wandlungen ewig dieselbe bleibt, daß keins ihrer Attribute je verlorengehn kann, und daß sie daher auch mit derselben eisernen Notwendigkeit, womit sie auf der Erde ihre höchste Blüte, den denkenden Geist, wieder ausrotten wird, ihn anderswo und in andrer Zeit wieder erzeugen muß.« Friedrich Engels, Einleitung zur ›Dialektik der Natur‹, in: Karl Marx – Friedrich Engels, Werke. Berlin (Dietz Verlag) 1962, Band 20, S. 326 f.

sie könnte jedoch auf keinen Fall aus ihren Prinzipien die notwendige Existenz eines bestimmten Objekts, eines bestimmten Ereignisses oder eines bestimmten Einzelphänomens ableiten, handele es sich nun um den Andromeda-Nebel, den Planeten Venus, den Mount Everest oder das Gewitter von gestern abend. Die Theorie würde eine allgemeine Voraussage über die Existenz, die Eigenschaften und die Beziehungen bestimmter *Klassen* von Objekten oder Ereignissen treffen, sie könnte aber selbstverständlich nie die Existenz oder die Unterscheidungsmerkmale irgendeines *einzelnen* Objekts oder Ereignisses voraussehen.

Die These, die ich hier vortrage, besagt, daß die Biosphäre keine prognostizierbare Klasse von Objekten oder Erscheinungen enthält, sondern selber ein besonderes Ereignis darstellt, das gewiß mit den fundamentalen Prinzipien vereinbar, aus ihnen aber *nicht ableitbar* ist, das seinem Wesen nach also unvorhersehbar ist.

Man verstehe mich richtig. Wenn ich sage, daß die Lebewesen als Klasse nicht von den fundamentalen Prinzipien her voraussagbar sind, so will ich damit keineswegs suggerieren, daß sie aus diesen Prinzipien nicht *erklärbar* wären, daß sie sie irgendwie überschreiten und daß andere, allein und ausschließlich anwendbare Prinzipien herangezogen werden müßten. Nach meiner Ansicht ist die Biosphäre genauso unvorhersehbar wie die spezielle Konfiguration der Atome, aus denen der Kieselstein in meiner Hand besteht. Gegen eine universelle Theorie wird niemand den Vorwurf erheben, daß sie die Existenz dieser speziellen Atomkonfiguration nicht behauptet und voraussieht; es genügt uns, daß dieses vorliegende, einzigartige und reale Objekt mit der Theorie *vereinbar* ist. Der Theorie zufolge *muß* dieses Objekt nicht, aber es *darf* existieren.

Das genügt uns, wenn es um den Kieselstein geht, nicht

aber für uns selbst. Wir möchten, daß wir notwendig sind, daß unsere Existenz unvermeidbar und seit allen Zeiten beschlossen ist. Alle Religionen, fast alle Philosophien und zum Teil sogar die Wissenschaft zeugen von der unermüdlichen, heroischen Anstrengung der Menschheit, verzweifelt ihre eigene Zufälligkeit zu verleugnen.

Kapitel III
Maxwells Dämonen

Der Teleonomie-Begriff schließt die Vorstellung einer *gelenkten, kohärenten* und *aufbauenden* Tätigkeit ein. Nach diesen Kriterien müssen die Proteine als die hauptsächlichen molekularen Träger der teleonomischen Leistungen von Lebewesen betrachtet werden.

Die Proteine als molekulare Träger der strukturell-funktionalen Teleonomie

1. Die Lebewesen sind chemische Maschinen. Das Wachstum und die Vermehrung aller Organismen machen Tausende von chemischen Reaktionen erforderlich, durch die die Hauptbestandteile der Zellen hergestellt werden. Diesen Vorgang nennt man »Stoffwechsel«. Der Stoffwechsel (Metabolismus) ist in einer Vielzahl von »Wegen« organisiert, die einen divergenten, konvergenten oder zyklischen Verlauf aufweisen; jeder Weg umfaßt eine Folge von Reaktionen. Die genaue Lenkung und die hohe Leistungsfähigkeit dieser enormen, mikroskopisch geringen chemischen Aktivität werden durch eine bestimmte Klasse von Proteinen besorgt, die Enzyme, die die Rolle von spezifischen Katalysatoren erfüllen.

2. Wie eine Maschine stellt jeder Organismus, auch der »einfachste«, eine kohärente und integrierte Funktionseinheit dar. Die Sicherung der funktionellen Kohärenz einer

so komplexen und darüberhinaus autonomen Maschine macht offensichtlich ein kybernetisches System erforderlich, das an zahlreichen Punkten das chemische Geschehen steuert und kontrolliert. Vor allem bei den höheren Organismen hat man noch längst nicht den Aufbau dieser Systeme vollständig erforscht. Jedoch sind heute schon sehr viele Systemelemente bekannt, und es zeigt sich immer wieder, daß die hauptsächlichen Wirkungsfaktoren sogenannte Steuerproteine sind, die – kurz gesagt – die Aufgabe haben, chemische Signale aufzufangen.

3. Der Organismus ist eine Maschine, die sich selbst aufbaut. Seine makroskopische Struktur wird ihm nicht durch das Eingreifen äußerer Kräfte aufgezwungen. Er bildet sich autonom, durch innere Wechselwirkungen, die dem Aufbau dienen. Obwohl unsere Kenntnisse vom Mechanismus der Entwicklung mehr als unzureichend sind, kann man doch jetzt schon sagen, daß der Aufbau sich durch mikroskopische molekulare Wechselwirkungen vollzieht und daß die betreffenden Moleküle im wesentlichen, wenn nicht sogar ausschließlich Proteine sind.

Die Steuerung der Tätigkeit, die Sicherung der funktionalen Kohärenz und der Aufbau der chemischen Maschine werden also durch Proteine besorgt. Alle diese teleonomischen Leistungen der Proteine beruhen in letzter Instanz auf ihren sogenannten »stereospezifischen« Eigenschaften, d. h. auf ihrer Fähigkeit, andere Moleküle (darunter auch andere Proteine) an ihrer *Form* zu »erkennen«, so wie sie durch ihre molekulare Struktur festgelegt ist. Es handelt sich buchstäblich um eine mikroskopische Unterscheidungs-, wenn nicht sogar »Erkennungs«fähigkeit. Man kann annehmen, daß alle teleonomischen Leistungen oder Strukturen eines Lebewesens sich grundsätzlich als stereospezifische

Wechselwirkungen eines, mehrerer oder sehr vieler Proteine bestimmen lassen [1].

Die Funktion eines gegebenen Proteins, eine besondere stereospezifische Unterscheidung zu treffen, hängt von seiner Struktur, seiner Form ab. Ursprung und Ausbildung der teleonomischen Leistung würden in dem Maße klar, wie es gelänge, die Entstehung und Evolution dieser Struktur zu beschreiben, die die Leistung vollbringen soll.

Im vorliegenden Kapitel wird die spezifische katalytische Funktion, im folgenden die Regelungsfunktion und im Kapitel V die Aufbaufunktion der Proteine erörtert. Das Problem der Herkunft der funktionalen Strukturen wird in diesem Kapitel angeschnitten und im folgenden fortgesetzt.

Die funktionalen Eigenschaften eines Proteins kann man allerdings untersuchen, ohne sich auf die Einzelheiten seiner besonderen Struktur beziehen zu müssen. (Tatsächlich sind heute erst etwa fünfzehn Proteine in allen Einzelheiten ihres räumlichen Aufbaus bekannt.) Es ist jedoch nötig, an einige allgemeine Gegebenheiten zu erinnern.

Die Proteine sind sehr große Moleküle mit einem Molekulargewicht zwischen 10 000 und 1 000 000 oder mehr. Diese Makromoleküle bilden sich durch die Reihenpolymerisierung von Bausteinen mit einem Molekulargewicht von etwa 100, die zur Klasse der »Aminosäuren« gehören.

---

[1] Das ist eine bewußte Vereinfachung. Einige DNS(Desoxyribonukleinsäure)-Strukturen spielen eine als teleonomisch anzusehende Rolle. Daneben bilden einige RNS (Ribonukleinsäuren) die wichtigsten Teile des Mechanismus, der den genetischen Code übersetzt (vgl. Anhang III, S. 231). Es sind jedoch auch spezifische Proteine in jene Mechanismen verwickelt, die auf fast allen Stufen Wechselwirkungen zwischen Proteinen und Nukleinsäuren ins Spiel bringen. Wenn hier jegliche Erörterung dieser Mechanismen unterbleibt, so berührt das nicht die Analyse und die allgemeine Erklärung der teleonomischen Wechselwirkungen der Moleküle.

Jedes Protein enthält also zwischen 100 und 10 000 solcher Aminosäure-Einheiten. Diese sehr zahlreichen Bausteine bestehen indessen aus nur ca. 20 verschiedenen chemischen Typen[2], die man bei allen Lebewesen, von der Bakterie bis zum Menschen, wiederfindet. Diese Gleichförmigkeit der Zusammensetzung ist einer der eindrucksvollsten Belege des Sachverhalts, daß die wunderbare Vielfalt der *makroskopischen* Strukturen der Lebewesen tatsächlich auf einer tiefen und nicht minder bemerkenswerten Einheitlichkeit der Zusammensetzung und der *mikroskopischen* Struktur beruht. Wir kommen noch darauf zurück.

Nach ihrer allgemeinen Form kann man zwei Hauptklassen von Proteinen unterscheiden:

a) die sogenannten »fibrillären« Proteine; sie erfüllen bei den Lebewesen eine vorwiegend mechanische Funktion wie etwa die Takelung eines Segelschiffes; obwohl einige dieser Proteine (die des Muskels) sehr interessante Eigenschaften aufweisen, werden wir sie hier nicht besprechen;

b) die sogenannten »globulären« Proteine sind bei weitem die zahlreichsten und wegen ihrer Funktionen die wichtigsten; bei diesen Proteinen sind die durch die Reihenpolymerisation der Aminosäuren gebildeten Ketten auf höchst komplexe Weise in sich gefaltet, was diesen Molekülen ihre kompakte, nahezu kugelförmige Struktur verleiht[3].

Die Lebewesen, selbst die einfachsten, enthalten eine sehr große Anzahl verschiedener Proteine. Für das Bakterium *Escherichia coli* (ungefähr 5×10^{-13} g Gewicht und ca. 2 μ Länge) läßt sich diese Zahl auf 2500 ± 500 schätzen. Für die höheren Tiere wie die Menschen läßt sich die Zahl von einer Million als Größenordnung angeben.

---

2 Siehe Anhang I, S. 224.
3 Siehe Anhang I, S. 226.

Jede einzelne der Tausende von chemischen Reaktionen, die zur Entwicklung und zu den Leistungen eines Organismus beitragen, wird spezifisch von einem bestimmten Enzym-Protein provoziert. Ohne große Vereinfachung kann man annehmen, daß jedes Enzym innerhalb des Organismus seine Tätigkeit als Katalysator nur an einem einzigen Punkt des Metabolismus ausübt. Die Enzyme unterscheiden sich vor allem durch die außergewöhnliche *Auswahlfähigkeit* ihrer Wirkung von den im Laboratorium oder in der Industrie verwendeten nichtbiologischen Katalysatoren, von denen einige sehr aktiv, d. h. in der Lage sind, in sehr geringer Menge verschiedene Reaktionen beträchtlich zu beschleunigen. Keiner dieser Katalysatoren erreicht jedoch die spezifische Effektivität eines »Durchschnittenzyms«.

Die Enzym-Proteine als spezifische Katalysatoren

Die Wirkung der Enzyme ist doppelt spezifisch:

1. Jedes Enzym katalysiert nur einen einzigen Reaktionstypus;

2. Das Enzym wird in der Regel nur gegenüber einer einzigen unter den manchmal im Organismus sehr zahlreichen Substanzen aktiv, die diesem Reaktionstypus entsprechend reaktionsfähig sind. Einige Beispiele mögen diese Behauptungen erläutern.

Es gibt ein Enzym – die Fumarase –, das die Hydratation (Hinzufügung von Wasser) der Fumarsäure zu Äpfelsäure katalysiert:

$$\begin{array}{c} COOH \\ | \\ CH \\ \parallel \\ CH \\ | \\ COOH \end{array} \quad \underset{}{\overset{(+H_2O)}{\rightleftharpoons}} \quad \begin{array}{c} COOH \\ | \\ HCOH \\ | \\ CH_2 \\ | \\ COOH \end{array}$$

(Fumarsäure) (Äpfelsäure)

Diese Reaktion ist umkehrbar, und dasselbe Enzym katalysiert gleichfalls die Dehydratation der Äpfelsäure zu Fumarsäure.

Es gibt jedoch ein geometrisches Isomer der Fumarsäure, die Maleinsäure:

(Fumarsäure)   (Maleinsäure)

Sie ist chemisch der gleichen Hydratation fähig. Ihr gegenüber ist das Enzym jedoch total inaktiv.

Aber darüberhinaus hat die Äpfelsäure zwei *optisch aktive* Isomere, da sie ein asymmetrisches Kohlenstoffatom enthält[4]:

(L-Äpfelsäure)   (D-Äpfelsäure)

[4] Substanzen, die ein Kohlenstoffatom enthalten, an das vier verschiedene Gruppen gebunden sind, verlieren dadurch die Symmetrie. Man nennt sie »optisch aktiv«, weil bei der Durchleuchtung dieser Substanzen mit polarisiertem Licht die Polarisationsebene eine Drehung nach links (levogyre = linksdrehende Substanzen: L) oder nach rechts (dextrogyre = rechtsdrehende Substanzen: D) erfährt.

Diese beiden Substanzen, die einander spiegelbildlich entsprechen, sind chemisch äquivalent und mit den klassischen chemischen Verfahren praktisch nicht zu trennen. Das Enzym trifft jedoch zwischen den beiden eine absolut sichere Entscheidung. Denn

1. dehydratisiert das Enzym ausschließlich die L-Äpfelsäure, um daraus ausschließlich Fumarsäure herzustellen;

2. stellt das Enzym aus der Fumarsäure ausschließlich L-Äpfelsäure, aber nicht die D-Äpfelsäure her.

Die strenge Unterscheidung, die das Enzym zwischen beiden optisch aktiven Isomeren trifft, ist nicht nur ein schlagender Beweis der *sterisch* spezifischen Wirkung der Enzyme. Hier liegt in erster Linie die Erklärung für die lange Zeit geheimnisvolle Tatsache, daß von den zahlreichen asymmetrischen chemischen Zellbestandteilen (und das sind in der Tat die meisten) in der Regel nur eines der beiden optisch aktiven Isomere in der Biosphäre auftritt. In zweiter Linie jedoch drängt sich aus der Tatsache, daß man aus einer optisch symmetrischen Substanz (Fumarsäure) eine asymmetrische Substanz (Äpfelsäure) erhält, nach dem sehr allgemein geltenden Satz von Curie über die Erhaltung der Symmetrie der Schluß auf, daß

1. das Enzym selber die »Quelle« der Asymmetrie darstellt, daß es folglich selber optisch aktiv ist, was auch wirklich der Fall ist;

2. die ursprüngliche Symmetrie des Substrats im Verlaufe seiner Wechselwirkung mit dem Enzym-Protein verlorengeht. Die Hydrierungsreaktion muß folglich innerhalb eines »Komplexes« stattfinden, der durch eine zeitweilige Verbindung zwischen dem Enzym und dem Substrat gebildet wird; in einem solchen Komplex geht die ursprüngliche Symmetrie der Fumarsäure tatsächlich verloren.

Der Begriff des »*stereospezifischen Komplexes*«, der die Spezifizität der Wirkung wie auch die katalytische Fähigkeit der Enzyme erklärt, ist von zentraler Bedeutung. Wir werden, nachdem wir einige weitere Beispiele erörtert haben, darauf zurückkommen.

Es gibt (bei bestimmten Bakterien) ein anderes Enzym, die Aspartase, das ebenfalls nur auf die Fumarsäure wirkt, unter Ausschluß jeder anderen Substanz, insbesondere ihres geometrischen Isomers, der Maleinsäure. Die durch dieses Enzym katalysierte Reaktion der »Addition an Doppelbindung« ist der obengenannten sehr analog. Diesmal ist es kein Wasser-, sondern ein Ammoniakmolekül, das mit der Fumarsäure zusammengebracht wird, um eine Aminosäure zu ergeben, die Asparaginsäure:

(Fumarsäure)   (L-Asparaginsäure)

Die Asparaginsäure besitzt ein asymmetrisches Kohlenstoffatom, ist daher optisch aktiv. Wie im vorhergegangenen Falle erzeugt die enzymatische Reaktion ausschließlich eines der Isomere, das der L-Reihe, das »natürliches« Isomer genannt wird, denn die Aminosäuren, die wir in den Proteinen vorfinden, gehören alle der L-Reihe an.

Die beiden Enzyme, die Aspartase und die Fumarase, diskriminieren daher streng nicht nur zwischen den optisch aktiven und den geometrischen Isomeren ihrer Substrate und Produkte, sondern gleichfalls zwischen den Wasser- und Ammoniakmolekülen. Man gelangt zu der Annahme, daß auch diese letzteren Moleküle zur Zusammensetzung des stereospezifischen Komplexes gehören, in dem die Additionsreaktion abläuft, und daß innerhalb dieses Komplexes die Moleküle einander genau zugeordnet werden. Sowohl die Spezifizität der Wirkung wie auch die Stereospezifizität der Reaktion sind ein Ergebnis dieser Zuordnung.

Aus den vorhergehenden Beispielen ließ sich die Existenz eines stereospezifischen Komplexes als Vermittler der enzymatischen Reaktion nur im Sinne einer Erklärungshypothese ableiten. In einigen günstigen Fällen ist es möglich, die Existenz dieses Komplexes direkt nachzuweisen. Das ist der Fall bei dem β-Galaktosidase genannten Enzym, das spezifisch die Hydrolyse von Substanzen katalysiert, die die unten durch die Formel A wiedergegebene Struktur besitzen:

(In diesen Formeln stellt R eine beliebige Seitenkette dar)

Erinnern wir uns, daß es von solchen Substanzen zahlreiche Isomere gibt (16 geometrische Isomere, die sich in der jeweiligen Anordnung der OH- und H-Gruppen an den

Kohlenstoffatomen 1 bis 5 unterscheiden, dazu die optisch aktiven Antipoden jedes dieser Isomere).

Das Enzym unterscheidet tatsächlich scharf zwischen all diesen Isomeren und hydrolysiert nur ein einziges davon. Man kann das Enzym jedoch »täuschen«, indem man synthetisch »sterische Analoge« der Substanzen dieser Reihe herstellt, in denen der Sauerstoff der zu hydrolysierenden Bindung durch Schwefel ersetzt wird (siehe oben Formel B). Das Schwefelatom ist zwar größer als das Sauerstoffatom, aber die beiden Atome haben die gleiche Wertigkeit, und auch die Orientierung der Wertigkeiten ist die gleiche. Diese sulphurierten Derivate haben also praktisch die gleiche dreidimensionale *Gestalt* wie ihre homologen Sauerstoffverbindungen. Die durch das Schwefelatom gebildete Bindung ist jedoch viel stabiler als die Sauerstoffbindung. Diese Substanz wird daher durch das Enzym nicht hydrolysiert. Man kann indessen *direkt* zeigen, daß sie mit dem Protein einen stereospezifischen Komplex bildet.

Solche Beobachtungen bestätigen nicht nur die Theorie des Komplexes; sie legen auch nahe, in der enzymatischen Reaktion zwei verschiedene Etappen zu sehen:

1. die Bildung eines stereospezifischen Komplexes zwischen dem Protein und dem Substrat;

2. die katalytische Aktivierung einer Reaktion innerhalb des Komplexes; der Komplex selbst *orientiert* und *spezifiziert* diese Reaktion.

Diese Unterscheidung der zwei Etappen ist von höchster Bedeutung, denn sie ermöglicht uns eine der wichtigsten Erkenntnisse der Molekularbiologie. Vorher ist jedoch daran zu erinnern, daß man unter den verschiedenen Bindungsarten, die die Stabilität einer chemischen Verbindung gewährleisten, zwei Gruppen zu unterscheiden hat:

a) die sogenannten kovalenten Bindungen und

Kovalente und non-kovalente Bindungen

b) die non-kovalenten Bindungen.

Die kovalenten Bindungen (denen man oft die Bezeichnung »chemische Bindung« *sensu stricto* vorbehält) beruhen darauf, daß zwischen zwei oder mehr Atomen eine gemeinsame Elektronenbahn hergestellt wird. Die non-kovalenten Bindungen entstehen aus mehreren unterschiedlichen Wechselwirkungen, die aber keine gemeinsame Elektronenbahn einschließen.

Für unsere Belange ist es hier nicht nötig, die verschiedenen Arten dieser Wechselwirkungen durch die Art der dabei auftretenden physikalischen Kräfte näher zu bezeichnen. Es ist zunächst hervorzuheben, daß die beiden Bindungsarten sich durch die Energie unterscheiden, mit der sie eine Verbindung aufrechterhalten. Mit einer gewissen Vereinfachung und der Einschränkung, daß wir hier nur Reaktionen in Betracht ziehen, die in wäßriger Phase ablaufen, kann man nämlich annehmen, daß bei einer Reaktion, die kovalente Bindungen einschließt, die verbrauchte oder freigesetzte mittlere Energie pro Bindung zwischen 5 und 20 kcal liegt. Bei einer Reaktion, die ausschließlich non-kovalente Bindungen umfaßt, dagegen beträgt die mittlere Energie 1 bis 2 kcal [5].

Dieser bedeutende Unterschied erklärt zum Teil die unterschiedliche Stabilität »kovalenter« und »non-kovalenter« Gebilde. Darauf kommt es uns indessen nicht an,

---

[5] Erinnern wir uns, daß die Energie einer Bindung als diejenige definiert ist, als die Energie, die man aufbringen muß, um die Bindung zu *lösen*. Tatsächlich aber bestehen die meisten chemischen, insbesondere die biochemischen Reaktionen eher in einem *Austausch* als in einer bloßen Lösung von Bindungen. Die Energie, die bei einer Reaktion auftritt, ist einem *Austausch* der folgenden Art zuzuordnen:

$$AY + BX \longrightarrow AX + BY$$

Sie ist daher immer geringer als die zur Lösung benötigte Energie.

sondern vielmehr auf den Unterschied der sogenannten »Aktivierungs«-Energie, der bei den beiden Reaktionsarten auftritt. Dieser Begriff ist äußerst wichtig. Um ihn zu erläutern, erinnern wir daran, daß bei Reaktionen, die eine Molekülmenge aus einem gegebenen stabilen Zustand in einen anderen stabilen Zustand überführen, ein Zwischenzustand auftritt, in dem die potentielle Energie *größer* ist als im Anfangs- und Endzustand. Dieser Prozeß wird oft durch eine Graphik dargestellt, deren Abszisse den Fortschritt der Reaktion darstellt und deren Ordinate die potentielle Energie wiedergibt (Abb. 1). Die Differenz an potentieller Energie zwischen den beiden Grenzzuständen entspricht der Energiemenge, die durch die Reaktion freigesetzt werden kann. Die Differenz zwischen dem Anfangs- und dem Zwischenzustand (dem sogenannten »aktivierten« oder »Übergangs«-Zustand) ist die Aktivierungsenergie. Das ist die Energie, die die Moleküle *vorübergehend* erwerben müssen, um in Reaktion treten zu können. Diese Energie, die in einem ersten Abschnitt erlangt und im zweiten Abschnitt wieder freigesetzt wird, tritt in der thermodynamischen Schlußbilanz nicht auf. Von ihr ist jedoch die Reaktions*geschwindigkeit* abhängig, die bei Normaltemperatur und für den Fall hoher Aktivierungsenergie praktisch gleich Null sein wird. Um eine solche Reaktion hervorzurufen, muß man also entweder die Temperatur beträchtlich erhöhen (davon hängt der Anteil der Moleküle ab, die die ausreichende Energie erlangt haben) oder einen Katalysator benutzen, der die Aufgabe hat, den aktivierten Zustand zu »stabilisieren« und dadurch den Unterschied des Potentials zwischen diesem Zustand und dem Anfangszustand zu verringern. Nun ist aber – und das ist der Punkt, auf den es ankommt – im allgemeinen die Aktivierungsenergie

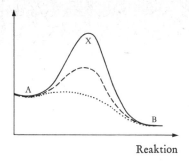

potentielle Energie

A: stabiler Ausgangszustand
B: stabiler Endzustand
X: Zwischenzustand mit einer höheren potentiellen Energie als für die stabilen Zustände.
Durchgezogene Linie: Kovalente Reaktion
Gestrichelte Linie: Kovalente Reaktion in Gegenwart eines Katalysators, der die Aktivierungsenergie erniedrigt
Punktierte Linie: Non-kovalente Reaktion

Abb. 1. Variationsdiagramm der potentiellen Energie der Moleküle im Verlauf einer Reaktion.

a) bei kovalenten Reaktionen hoch; bei geringer Temperatur und ohne Katalysator ist die Reaktionsgeschwindigkeit daher gering oder praktisch gleich Null;

b) bei non-kovalenten Reaktionen sehr gering oder nahe Null; sie laufen daher *bei geringer Temperatur* und *ohne Katalysator* spontan und *sehr schnell* ab.

Daraus ergibt sich, daß die durch non-kovalente Kräfte bestimmten Strukturen eine gewisse Stabilität nur dann erreichen können, wenn sie *vielfache* Wechselwirkungen einschließen. Überdies erreichen die non-kovalenten Effekte eine beachtenswerte Wechselwirkungsenergie nur dann, wenn die Atome sehr wenig voneinander entfernt sind, wenn sie praktisch miteinander »in Berührung« sind. Daher können zwei Moleküle (oder Molekülbereiche) nur dann eine non-kovalente Verbindung eingehen, wenn die Oberflächen der beiden Moleküle *komplementäre Flächen* enthalten, die es mehreren Atomen des einen Moleküls erlauben, mit mehreren Atomen des anderen Moleküls in Kontakt zu treten.

Der Begriff des non-kovalenten stereospezifischen Komplexes

Zeigt man jetzt noch, daß die zwischen dem Enzym und dem Substrat gebildeten Komplexe non-kovalenter Natur sind, dann erkennt man, warum diese Komplexe *notwendig* stereospezifisch sind: sie können sich nur bilden, wenn das Enzym-Molekül eine Oberfläche aufweist, die der Form des Substrat-Moleküls exakt »komplementär« ist. Man wird ebenfalls erkennen, daß das Substrat-Molekül in dem Komplex durch die vielfachen Wechselwirkungen, die es mit der Empfänger-Fläche des Enzym-Moleküls verbinden, notwendig eine sehr genau bestimmte Position erhält.

Man erkennt schließlich außerdem, daß die Stabilität eines non-kovalenten Komplexes je nach der *Anzahl* der betätigten non-kovalenten Wechselwirkungen in einem sehr großen Umfang variieren kann. Das ist eine sehr wertvolle Eigenschaft der non-kovalenten Komplexe: Ihre Stabilität kann genau der Funktion angepaßt werden, die sie zu erfüllen haben. Die Komplexe aus Enzym und Substrat müssen sich sehr schnell bilden und wieder trennen können; das ist die Bedingung für eine hohe katalytische Aktivität. Diese Komplexe sind tatsächlich leicht und sehr schnell dissoziierbar. Andere Komplexe, die eine ständige Funktion erfüllen, erwerben eine Stabilität, wie sie einer kovalenten Verbindung entspricht.

Bisher haben wir nur den ersten Abschnitt einer enzymatischen Reaktion erörtert – die Bildung des stereospezifischen Komplexes. Der katalytische Abschnitt, der der Bildung des Komplexes nachfolgt, wird uns nicht lange aufhalten, denn gegenüber dem vorangehenden Abschnitt sind seine Probleme unter biologischem Aspekt nicht von so großer Bedeutung. Man nimmt heute an, daß die enzymatische Katalyse sich aus der induzierenden und polarisierenden Wirkung bestimmter Molekülgruppen ergibt, die sich in der spezifisch angepaßten Rezeptorfläche des Proteins befinden. Abgesehen von der spezifischen Wirkung (die auf die äußerst genaue Zuordnung des Substrat-Moleküls zu den induzierenden Gruppen zurückzuführen ist) erklärt sich der katalytische Effekt nach den gleichen Prinzipien, die auch die Wirkung nicht-biologischer Katalysatoren wie etwa der H^+-Ionen oder der OH^--Ionen regeln.

Die Bildung des stereospezifischen Komplexes, das Vorspiel für den eigentlichen katalytischen Akt, erfüllt also, wenn man es genau betrachtet, zwei Funktionen zugleich:

1. die *Auswahl* eines bestimmten Substrats, die durch dessen räumliche Struktur festgelegt ist;

2. die *Anordnung* des Substrats nach einem genauen Orientierungsplan, der dem katalytischen Effekt der induzierenden Gruppen entspricht und diesen somit genau festlegt.

Der Begriff des non-kovalenten stereospezifischen Komplexes ist nicht bloß auf die Enzyme und – wie man sehen wird – auch nicht nur auf die Proteine zu beziehen. Er ist von zentraler Bedeutung für alle Phänomene der Auswahl, der elektiven Unterscheidung, die für alle Lebewesen charakteristisch sind und ihnen den Anschein geben, als würden sie dem Schicksal entgehen, das der Zweite Hauptsatz für sie vorsieht. Es ist interessant, in dieser Hinsicht noch einmal das Beispiel der Fumarase zu betrachten.

Wenn man die Aminierung der Fumarsäure mit den Mitteln der organischen Chemie durchführt, erhält man eine Mischung der beiden optisch aktiven Isomere der Asparaginsäure. Dagegen katalysiert das Enzym ausschließlich die Bildung von L-Asparaginsäure. Es liefert deshalb eine Information, die exakt einer binären Wahl entspricht (da es zwei Isomere gibt). Hier, auf der untersten Ebene, erkennt man, wie die strukturelle Information bei den Lebewesen geschaffen und verbreitet werden kann.

Natürlich besitzt das Enzym die Information, die dieser Wahl entspricht, in der Struktur seines stereospezifischen Rezeptors. Doch die Energie, die zur *Verstärkung* dieser Information nötig ist, kommt nicht aus dem Enzym: Um die Reaktion entlang des einen der beiden möglichen Wege zu orientieren, benützt das Enzym das chemische Potential, das der Umwandlung der Fumarsäure entstammt. Die gesamte Synthesetätigkeit der Zellen, wie kompliziert sie auch sein mag, läßt sich in letzter Instanz nach den gleichen Prinzipien erklären.

Bei der Betrachtung dieser Phänomene, die in ihrer Kompliziertheit und in ihrer Leistungsfähigkeit bei der Ausführung eines vorher festgelegten Programms erstaunlich wirken, drängt sich natürlich die Hypothese auf, daß sie gelenkt werden durch irgendwelche »erkenntnismäßigen« Funktionen. Eine derartige Funktion schrieb Maxwell seinem mikroskopischen Dämon zu. Man erinnert sich, daß dieser Geist in einem Verbindungsrohr zwischen zwei Behältern postiert war, die mit einem beliebigen Gas gefüllt waren, und dort angeblich, ohne wesentlich Energie zu verbrauchen, eine gedachte Klappe betätigte, wodurch er den Übergang bestimmter Moleküle von einem Behälter in den anderen verbieten konnte. Der Dämon konnte also »entscheiden«, daß in einer Richtung nur die schnellen Moleküle (mit hoher Energie), in der anderen Richtung nur die langsamen Moleküle (mit geringer Energie) durchgelassen wurden. Das Ergebnis davon war, daß von den beiden Behältern, die anfänglich die gleiche Temperatur aufwiesen, der eine sich erwärmte, während der andere sich abkühlte, und das alles ohne ersichtlichen Energieverbrauch. Wenn dies auch nur ein Gedankenexperiment war, so hörte es doch

Maxwells Dämon

nicht auf, die Physiker zu beunruhigen: Es schien nämlich so, als habe der Dämon *durch die Ausübung seiner Erkenntnisfunktion* die Macht, den Zweiten Hauptsatz (der Thermodynamik) zu verletzen. Und da diese Erkenntnisfunktion weder meßbar noch überhaupt vom physikalischen Standpunkt aus definierbar zu sein schien, hatte es den Anschein, als solle sich Maxwells »Paradoxon« jeglicher Überprüfung in operationalen Begriffen entziehen.

Den Schlüssel zur Auflösung des Paradoxons lieferte Léon Brillouin, angeregt durch eine frühere Arbeit von Szilard: Er bewies, daß die Ausübung seiner Erkenntnisfunktionen durch den Dämon *notwendig* eine bestimmte Menge Energie verbrauchen mußte, die in der Bilanz des Vorgangs genau die Abnahme des Systems an Entropie ausglich. Denn um »sachkundig« die Klappe schließen zu können, muß der Dämon vorher die Geschwindigkeit jedes Gasteilchens *gemessen* haben. Nun setzt aber jede Messung, das heißt jede *Informationsgewinnung,* eine Wechselwirkung voraus, die selbst Energie verbraucht.

Dieses berühmte Theorem ist eine der Quellen für die modernen Vorstellungen über die Äquivalenz zwischen Information und negativer Entropie. Hier interessiert uns dieses Theorem insofern, als die Enzyme ja gerade im mikroskopischen Maßstab eine Ordnung schaffende Funktion ausüben. Diese Herstellung von Ordnung ist aber, wie wir gesehen haben, nicht umsonst zu haben; sie vollzieht sich auf Kosten eines Verbrauchs an chemischem Potential. Die Enzyme funktionieren schließlich genau wie der Maxwellsche Dämon nach der Richtigstellung durch Szilard und Brillouin: Sie zapfen das chemische Potential auf den Wegen an, die das Programm festgelegt hat, dessen Ausführende sie sind.

Halten wir die in diesem Kapitel entwickelte wichtige

Erkenntnis fest: Die Proteine erfüllen ihre »dämonische« Funktion dank ihrer Fähigkeit, zusammen mit anderen Molekülen *non-kovalente stereospezifische* Komplexe zu bilden. Die folgenden Kapitel werden die zentrale Bedeutung dieser Schlüsselerkenntnis belegen, in der die letzte Erklärung der eigentümlichsten Merkmale der Lebewesen zu sehen ist.

Kapitel IV
Mikroskopische Kybernetik

Gerade aufgrund seiner äußersten Spezialisierung stellt ein »klassisches« Enzym (wie die im vorigen Kapitel als Beispiele gewählten) eine völlig unabhängige Funktionseinheit dar. Die »kognitive« Fähigkeit dieser »Dämonen« besteht lediglich darin, ihr spezifisches Substrat zu erkennen; jede andere Substanz wie auch jeder Vorfall, der sich im chemischen Betrieb der Zelle ereignen könnte, sind von der Erkennung ausgeschlossen.

Würden wir die gegenwärtigen Erkenntnisse über den Zellmetabolismus in einer Übersicht zusammenstellen, so würde eine einfache Überprüfung genügen, um uns erraten zu lassen, daß selbst wenn die Enzyme in jedem Abschnitt ihre Aufgabe perfekt erfüllen würden, die Gesamtsumme ihrer Tätigkeiten nur zum Chaos führen könnte, wären sie nicht irgendwie voneinander abhängig, um ein kohärentes System zu bilden. Nun gibt es aber die deutlichsten Beweise dafür, daß die chemische Ausrüstung der Lebewesen – von dem »einfachsten« bis zu den »kompliziertesten« – von äußerster Effizienz ist.

Funktionale Kohärenz der Zellmaschinerie

Es ist natürlich seit langem bekannt, daß es bei den Tieren Systeme gibt, die in großem Maßstab die Leistungen des Organismus koordinieren. Das Nervensystem und das endokrine System erfüllen solche Funktionen. Diese Systeme gewährleisten die Koordination zwischen Organen oder Geweben, das heißt letztlich: *zwischen Zellen.* Daß innerhalb jeder Zelle ein fast genauso, wenn nicht noch komplizierteres kybernetisches oder Steuerungsnetz die funktionale Kohärenz des intrazellulären chemischen Ablaufs sichert – das haben die Forschungen gezeigt, die zum größten Teil in die letzten zwanzig, wenn nicht gar in die letzten fünf bis zehn Jahre fallen.

Noch lange nicht hat man das System vollständig untersucht, das den Stoffwechsel, das Wachstum und die Teilung der einfachsten bekannten Zellen beherrscht, das der Bakterien. Durch die detaillierte Analyse einiger Teile dieses Systems sind die Regeln seines Funktionierens heute relativ weitgehend erfaßt. Im vorliegenden Kapitel werden diese Regeln erörtert. Dabei werden wir sehen, daß die elementaren Steuerungsoperationen von spezialisierten Proteinen versehen werden, deren Aufgabe es ist, chemische Information wahrzunehmen und zu integrieren.

Unter diesen Regelungs-Proteinen sind die sogenannten »allosterischen« Enzyme heute am besten bekannt. Diese Enzyme stellen wegen der Eigenschaften, die sie von den »klassischen« Enzymen unterscheiden, eine besondere Gruppe dar. Wie auch die klassischen Enzyme erkennen die allosterischen Enzyme ein spezifisches Substrat, indem sie sich mit ihm verbinden. Ebenso aktivieren sie die Umwandlung eines Substrats in ein Produkt. Darüberhinaus aber haben diese Enzyme die Eigenschaft, eine oder mehrere *andere* Verbindungen zu erkennen, deren (stereospezifische) Verbindung mit dem Protein die Wirkung hat, seine *Aktivität im Hinblick auf das Substrat* zu beeinflussen, d. h. je nachdem zu *steigern* oder zu *hemmen*.

Die Regelungs- und Koordinierungsfunktion dieser Art von Wechselwirkungen, der sogenannten allosterischen

Regelungs-Proteine und die Logik der Regelung

Wechselwirkungen, ist heute durch zahllose Beispiele belegt. Diese Wechselwirkungen lassen sich zu einer bestimmten Anzahl von »Regelungsverfahren« zusammenfassen – je nach den Beziehungen, die zwischen der betreffenden Reaktion und dem Entstehungsort innerhalb des Stoffwechsels jener »allosterischen Effektoren« bestehen, von denen die Reaktion abhängig ist. Im folgenden die wichtigsten Regelungsverfahren (Abb. 2).

1. *Die Hemmung durch Rückkoppelung.* Das Enzym, das die erste Reaktion einer Reaktionsfolge katalysiert, die zu einem essentiellen Metaboliten[1] (beispielsweise Proteine oder Nukleinsäuren) führt, wird durch das Endprodukt der Folge gehemmt. Die Konzentration dieses Metaboliten innerhalb der Zelle lenkt also die Geschwindigkeit seiner eigenen Synthese.

2. *Die Aktivierung durch Rückkoppelung.* Das Enzym wird durch ein Abbauprodukt des Endmetaboliten aktiviert. Das ist häufig der Fall bei den Metaboliten, deren hohes chemisches Potential im Stoffwechselprozeß als Tauschmittel dient. Dieses Regelungsverfahren trägt also dazu bei, das verfügbare chemische Potential auf einem vorgeschriebenen Niveau zu halten.

3. *Die parallele Aktivierung.* Das erste Enzym, das eine zu einem essentiellen Metaboliten führende Reaktionsfolge katalysiert, wird seinerseits durch einen Metaboliten aktiviert, der in einer davon unabhängig und parallel verlaufenden Reaktionsfolge synthetisiert wird. Dieses Rege-

---

[1] Jede durch den Stoffwechsel, den Metabolismus erzeugte Substanz nennt man »Metabolit«, »essentielle Metabolite« jene Substanzen, die allgemein für das Wachstum und die Vermehrung der Zellen erforderlich sind.

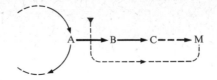

Hemmung durch Rückkoppelung

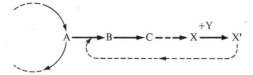

Aktivierung durch Rückkoppelung

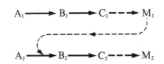

Parallel-Aktivierung

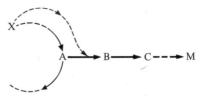

Aktivierung durch einen Prekursor

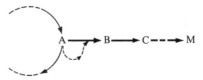

Aktivierung durch das Substrat

Abb. 2. Verschiedene »Regelungsweisen« durch allosterische Wechselwirkungen.

Die durchgezogenen Pfeile symbolisieren Reaktionen, die (mit A, B usw. bezeichnete) Zwischensubstanzen produzieren. Der Buchstabe M steht für den Endmetaboliten, das Endergebnis der Reaktionsfolge. Die gestrichelte Linie zeigt die Herkunft und den Angriffspunkt eines Metaboliten an, der als allosterischer Effektor, Inhibitor oder Aktivator einer Reaktion wirkt (siehe Text, S. 83).

lungsverfahren trägt dazu bei, die Konzentrationen von Metaboliten wechselseitig anzupassen, die zu einer Familie gehören und zu einer Klasse von Makromolekülen zusammentreten sollen.

4. *Die Aktivierung durch einen Prekursor.* Das Enzym wird durch eine Substanz aktiviert, die ein entfernterer oder näherer Prekursor seines unmittelbaren Substrats ist. Dieses Regelungsverfahren unterwirft letztlich die »Nachfrage« dem »Angebot«. Ein sehr häufiger Sonderfall dieses Regelungsverfahrens ist die Aktivierung des Enzyms durch das Substrat selbst, das gleichzeitig seine »klassische« Rolle (als Substrat) sowie die Rolle des allosterischen Effektors gegenüber dem Enzym spielt.

Selten ist ein allosterisches Enzym nur einem einzigen dieser Regelungsverfahren unterworfen. Im allgemeinen unterliegen diese Enzyme gleichzeitig mehreren allosterischen Effektoren, die entweder kooperativ oder antagonistisch wirksam sind. Eine häufig anzutreffende Situation ist eine »ternäre« (»Dreier«-)Regelung aus folgenden Elementen:

1. Aktivierung durch das Substrat (Verfahren 4);

2. Hemmung durch das Endprodukt der Folge (Verfahren 1);

3. Parallelaktivierung durch einen Metaboliten der gleichen Familie wie das Endprodukt (Verfahren 3).

Das Enzym erkennt also die drei Effektoren gleichzeitig, »mißt« ihre relative Konzentration, und seine Aktivität stellt in jedem Augenblick die Summierung dieser drei Informationen dar.

Um die Raffiniertheit dieser Systeme zu illustrieren, kann man als Beispiel die Regelungsverfahren der »verzweigten« Stoffwechselbahnen erwähnen, von denen es viele gibt (Abb. 3). Im allgemeinen werden in diesen Fällen nicht nur die Anfangsreaktionen, die ihren Platz an der Gabelung des Stoffwechselprozesses haben, durch Rückkoppelungs-Hemmung reguliert, sondern auch die Anfangsreaktion des gemeinsamen Zweiges wird durch die beiden (oder die mehreren) Endprodukte gleichzeitig gelenkt[2]. Die Gefahr, daß die Synthese eines der Metaboliten durch die überschießende Synthese eines anderen Metaboliten blockiert wird, wird jenachdem auf zwei verschiedene Weisen vermieden – entweder gibt es

1. zwei verschiedene allosterische Enzyme für diese eine Reaktion, wobei jedes ausschließlich durch einen der Metaboliten gehemmt wird; oder es gibt

2. nur ein einziges Enzym, das nur in »abgestimmter« Weise durch die beiden Metaboliten gleichzeitig, nicht aber durch einen einzelnen gehemmt wird.

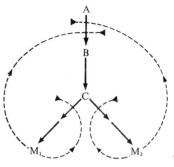

Abb. 3. Allosterische Regelung der verzweigten Stoffwechselbahnen.
Die Symbolik ist die gleiche wie in Abbildung 2 (siehe Text, S. 85 f.).

2 E. R. Stadtman, in: ›Advances in Enzymology‹ 28 (1966), S. 41 bis 159. G. N. Cohen, in: ›Current Topics in Cellular Regulation‹ 1 (1969), S. 183–231.

Es muß betont werden, daß – abgesehen von dem Substrat – die Effektoren, die die Tätigkeit eines allosterischen Enzyms regulieren, keineswegs an der Reaktion selbst teilnehmen. Im allgemeinen bilden sie mit dem Enzym nur einen non-kovalenten Komplex, aus dessen jederzeit möglicher vollständiger Auflösung sie unverändert wieder hervorgehen. Die regulierende Wechselwirkung verbraucht praktisch keine Energie: Nur ein winziger Bruchteil des intrazellulären chemischen Potentials der Effektoren wird benötigt. Die von diesen sehr schwachen Wechselwirkungen gesteuerte katalytische Reaktion kann dagegen verhältnismäßig beachtliche Energieumsetzungen beinhalten. Daher lassen sich diese Systeme mit jenen vergleichen, die man bei den elektronischen Schaltungen automatisierter Prozesse benutzt, in denen die sehr geringe Energie, die ein Relais verbraucht, eine beträchtliche Wirkung auslösen kann wie zum Beispiel die Zündung einer ballistischen Rakete.

Wie ein elektronisches Relais gleichzeitig von mehreren elektrischen Potentialen abhängig sein kann, so ist – wie wir gesehen haben – ein allosterisches Enzym im allgemeinen von mehreren chemischen Potentialen abhängig. Die Analogie geht jedoch weiter. Wie man weiß, ist es im allgemeinen günstiger, wenn das elektronische Relais *nichtlinear* auf die Veränderungen des Steuerungspotentials reagiert. Man erhält dabei Schwelleneffekte, die eine genauere Regulierung ermöglichen. So ist es auch im Falle der meisten allosterischen Enzyme. Die Aktivität eines solchen Enzyms variiert in Abhängigkeit von der Konzentration eines Effektors (darunter auch des Substrats) derart, daß in der graphischen Darstellung fast immer eine »sigmoidale« Kennlinie entsteht. Die Wirkung des Liganden[3] nimmt mit anderen Worten zunächst *stärker* als linear mit seiner Konzentration zu. Diese Eigenschaft ist um so bemerkenswerter, als sie für die allosterischen Enzyme charakteristisch zu sein scheint. Bei den gewöhnlichen oder »klassischen« Enzymen nimmt die Wirkung immer *schwächer* als linear mit der Konzentration zu.

Ich weiß nicht, welches Mindestgewicht ein elektronisches Relais haben könnte, das mit den gleichen logischen Eigenschaften wie ein durchschnittliches allosterisches Enzym ausgestattet wäre (also drei oder vier Potentiale messen und summieren und eine Reaktion mit Schwelleneffekt in Gang setzen könnte). Nehmen wir als Größenordnung 10^{-2} Gramm an. Ein Molekül eines allosterischen Enzyms, das zu den gleichen Leistungen fähig ist, hat ein Gewicht in der Größenordnung von 10^{-17} Gramm, also 10^{15}, das ist eine Billiarde mal weniger als das elektronische Relais. Diese astronomische Zahl vermittelt eine Vorstellung von der »kybernetischen« (das heißt: teleonomischen) »Potenz«, über die eine Zelle verfügt, die mit einigen hundert oder tausend Arten dieser mikroskopischen »Wesen« ausgestattet ist, die noch viel intelligenter sind als der Dämon von Maxwell-Szilard-Brillouin.

Der Mechanismus der allosterischen Wechselwirkungen

Die Frage ist, wie dieses von einem allosterischen Protein gebildete molekulare Relais solche komplizierten Leistungen erbringt. Im Vertrauen auf eine Reihe von Erfahrungstatsachen nimmt man heute an, daß die allosterischen Wechselwirkungen auf diskrete Veränderungen in der Molekularstruktur des Proteins zurückzuführen sind. Im nächsten Kapitel werden wir sehen, daß die komplizierte

---

[3] Mit »Ligand« bezeichnet man eine Substanz, die sich mit einer anderen zu verbinden trachtet.

und kompakte Struktur eines globulären Proteins durch sehr viele *non-kovalente* Bindungen stabilisiert wird, die alle bei der Erhaltung der Struktur zusammenwirken. Dann stellt man sich vor, daß bestimmte Proteine zwei (oder mehr) Strukturzustände annehmen können (so wie bestimmte Substanzen in verschiedenen allotropen Zuständen existieren können). Die beiden Zustände und die »allosterische Umlagerung«, die das Molekül umkehrbar vom einen in den anderen Zustand überführt, werden meistens durch die folgenden Symbole ausgedrückt:

(R) (T)

Nach dieser Festlegung wird angenommen (und läßt sich in günstigen Fällen auch unmittelbar zeigen), daß die stereospezifischen Erkennungseigenschaften des Proteins wegen der unterschiedlichen *räumlichen* Strukturen in den beiden Zuständen durch die Umlagerung beeinflußt werden. Im Zustand »R« kann das Protein sich zum Beispiel mit einem Liganden α assoziieren, nicht aber mit einem anderen Liganden β, der seinerseits unter Ausschluß von α im Zustand »T« erkannt wird. Die Anwesenheit eines der Liganden hat also die Wirkung, einen der beiden Zustände auf Kosten des anderen zu stabilisieren, und man sieht, daß α und β antagonistisch sind, da sie sich gegenseitig von der Verbindung mit dem Protein ausschließen. Nehmen wir jetzt einen dritten Liganden γ an (der das Substrat sein könnte), der sich ausschließlich mit der Form R verbindet, aber in einem anderen räumlichen Bereich des Moleküls α. Man sieht, daß α und γ bei der Stabilisierung des aktivierten Zustandes (in dem das Substrat erkannt wird) zusammenwirken. Der Ligand α und das Substrat γ wirken also als Aktivator, der Ligand β als Inhibitor. Die Aktivität einer Molekülmenge ist daher dem Anteil der Moleküle proportional, die sich im Zustand R befinden; dieser Anteil hängt natürlich von der relativen Konzentration der drei Liganden ab sowie von dem inneren Gleichgewichtswert zwischen R und T. Die katalytische Reaktion ist also von den Größen dieser drei chemischen Potentiale abhängig.

Heben wir jetzt nachdrücklich die weitaus wichtigste Erkenntnis aus dieser schematischen Darstellung hervor: Die kooperativen oder antagonistischen Wechselwirkungen der drei Liganden sind *gänzlich indirekter Art. Es gibt tatsächlich keine Wechselwirkungen zwischen den Liganden untereinander, sondern nur zwischen dem Protein und jedem einzelnen Liganden.* Später werden wir auf diese grundlegende Erkenntnis zurückkommen, ohne die es unmöglich erscheint, die Entstehung und Entwicklung kybernetischer Systeme bei den Lebewesen zu verstehen [4].

Auf der Grundlage dieses Schemas indirekter Wechselwirkungen ist es möglich, auch die hohe Vervollkommnung zu erklären, die in der »nicht-linearen« Antwort des Proteins auf die Konzentrationsänderungen seiner Effektoren liegt. Alle bekannten allosterischen Proteine sind nämlich »Oligomere«, die sich aus einer kleinen Zahl (oft 2 oder 4, seltener 6, 8 oder 12) chemisch gleichartiger, non-kovalent

---

[4] J. Monod, J.-P. Changeux und F. Jacob, in: ›Journal of Molecular Biology‹ 6 (1963), S. 306–329.

verbundener Untereinheiten, sogenannter Protomere zusammensetzen. Jedes Protomer trägt einen Rezeptor für jeden der Liganden, die das Protein erkennt. Die sterische Struktur jedes einzelnen Protomers wird wegen seiner Verbindung mit einem oder mehreren anderen Protomeren teilweise durch seine Nachbarn »verspannt«. Die durch kristallographische Messungen bestätigte Theorie zeigt aber, daß die oligomeren Proteine solche Strukturen anzunehmen bestrebt sind, durch die alle Protomere geometrisch gleichwertig werden; die Spannungen, denen sie unterliegen, sind daher symmetrisch unter den Protomeren verteilt.

Nehmen wir jetzt den einfachsten Fall – ein Dimer. Stellen wir uns vor, was sich aus seiner Dissoziation zu zwei Monomeren ergibt. Man sieht, wie die Lösung der Bindungen es den beiden Monomeren möglich macht, einen »entspannten« Zustand anzunehmen, der sich strukturell von dem »gespannten« Zustand im Assoziat unterscheidet.

Wir sprechen von einer »abgestimmten« Zustandsänderung der beiden Protomere. Durch diese Abstimmung erklärt sich der nicht-lineare Charakter der Reaktionsantwort. Denn wird bei einem der Monomere der dissoziierte Zustand R durch ein Liganden-Molekül stabilisiert, so ist dem anderen Monomer die Rückkehr in den assoziierten Zustand T untersagt, und im umgekehrten Sinne verhält es sich ebenso. Das Gleichgewicht zwischen den beiden Zuständen ist daher eine quadratische Funktion der Konzentration der Liganden. Bei einem Tetramer wäre es eine Funktion vierter Potenz, und so weiter [5].

---

[5] J. Monod, J. Wyman und J.-P. Changeux, in: ›Journal of Molecular Biology‹ 12 (1965), S. 88–118.

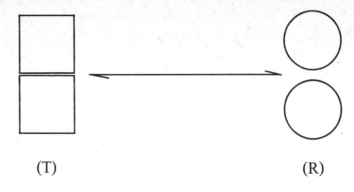

(T) (R)

Ich habe absichtlich nur das einfachste mögliche Modell behandelt, das tatsächlich in einigen Systemen vorkommt, die man als »primitiv« betrachten muß. In den wirklichen Systemen findet nur selten eine vollständige Dissoziation statt: Die Protomere bleiben in beiden Zuständen miteinander verbunden, wenn auch im einen Zustand lockerer als im anderen.

Im übrigen sind zahlreiche Variationen über dieses Grundthema möglich. Wichtig war jedoch zu zeigen, daß die an sich extrem einfachen molekularen Mechanismen eine Erklärung der »integrativen« Eigenschaften der allosterischen Proteine ermöglichen.

Die bisher angeführten allosterischen Enzyme bilden gleichzeitig eine chemische Funktionseinheit und ein Vermittlungselement bei den Wechselwirkungen der Steuerung. Ihre Eigenschaften machen verständlich, wie der homöostatische Zustand des *Zellstoffwechsels* auf der höchsten Stufe der Leistungsfähigkeit und Kohärenz erhalten wird.

Unter »Stoffwechsel« versteht man jedoch hauptsächlich die Umwandlungen kleiner Moleküle und die Mobilisierung ihres chemischen Potentials. Die Chemie der Zellen umfaßt noch eine andere Stufe der Synthese: die der Makromoleküle, Nukleinsäuren und Proteine (darunter insbesondere die Enzyme selbst). Es ist seit langem bekannt, daß auch auf dieser Stufe Regelungssysteme in Funktion sind. Sie sind viel schwieriger zu untersuchen als die allosterischen Enzyme, und in der Tat hat bisher nur ein einziges annähernd vollständig erforscht werden können. Es wird hier als Beispiel dienen.

Die Regelung der Enzymsynthese

Dieses System, das sogenannte »Laktose-System«, steuert die Synthese von drei Proteinen im Bakterium *Escherichia coli*. Eines dieser Proteine, die Galaktosid-Permease, ermöglicht es den Galaktosiden [6] ins Zellinnere einzudringen und sich dort anzusammeln; ohne das erwähnte Protein wäre die Zellmembran für diese Zuckerarten undurchlässig. Ein zweites Protein hydrolysiert die β-Galaktoside (siehe Kapitel III). Wenig erfaßt ist die Funktion des dritten Proteins; es ist offensichtlich von geringer Bedeutung. Die beiden ersten sind dagegen gleich unerläßlich für die Verwertung der Laktose (und anderer Galaktoside) im Stoffwechsel des Bakteriums.

Wachsen die Bakterien in einem Milieu ohne Galaktoside, dann werden die drei Proteine in einem kaum meßbaren Umfang hergestellt, der durchschnittlich einem Molekül während fünf Generationen entspricht. Fügt man dem Milieu ein Galaktosid hinzu, das in diesem Falle »Induktor« genannt wird, dann erhöht sich fast unmittelbar danach (innerhalb von etwa zwei Minuten) die Rate, mit der

---

[6] Siehe Kapitel III, Seite 69.

die drei Proteine synthetisiert werden, um einen Faktor 1000 und hält sich auf diesem Wert, solange der Induktor vorhanden ist. Wird der Induktor entfernt, so fällt die Synthese-Rate innerhalb von zwei bis drei Minuten auf ihren Ausgangswert zurück.

Die Ergebnisse der Untersuchung dieses in erstaunlichem und beinahe übernatürlichem Maße teleonomischen Phänomens[7] sind in dem Schema der Abbildung 4 zusam-

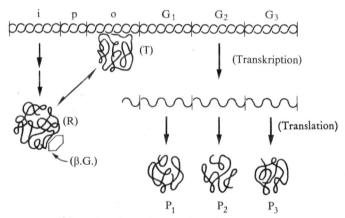

Abb. 4. Regelung der Synthese der Enzyme des »Laktose-Systems«.

R: Repressor-Protein, assoziiert mit einem Induktor-Galaktosid, das durch ein Sechseck dargestellt ist.
T: Repressor-Protein, assoziiert mit dem Operator-Segment (o) der DNS.
i: »Regulator-Gen«, das die Synthese des Repressors lenkt.
p: »Promotor«-Segment, Ausgangspunkt der Synthese der Boten-RNS (messenger-RNS oder mRNS).
G_1, G_2, G_3: »Struktur«-Gene, die die Synthese der drei mit P_1, P_2, P_3 bezeichneten Proteine des Systems lenken (siehe Text S. 95).

mengefaßt. An dieser Stelle werden wir darauf verzichten, die rechte Seite der Zeichnung zu diskutieren, wo die Ope-

---

[7] Der finnische Forscher Karstrom, der in den dreißiger Jahren zur Erforschung dieser Erscheinungen beträchtlich beigetragen hatte, hat später die Forschung aufgegeben – offenbar, um Mönch zu werden.

rationen der Synthese der »Boten«-RNS* und ihre »Translation«** in Polypeptid-Sequenzen*** dargestellt sind. Halten wir nur fest, daß es – da der Bote ein ziemlich kurzes Leben (von einigen Minuten) hat – die Geschwindigkeit seiner Synthese ist, durch die auch die Geschwindigkeit der Synthese der drei Proteine bestimmt wird. Wir interessieren uns hauptsächlich für die Bestandteile des Regelungssystems. Dazu gehören

— das »Regulator«-Gen (i)
— das Repressor-Protein (R)
— das »Operator«-Segment (o) der DNS
— das »Promotor«-Segment (p) der DNS
— ein Galaktosid-Induktor-Molekül (βG).

Der Ablauf geht folgendermaßen vor sich:

a) Das Regulator-Gen lenkt in konstantem und sehr geringem Umfang die Synthese des Repressor-Proteins.

b) Der Repressor erkennt spezifisch das Operator-Segment, mit dem er sich zu einem sehr stabilen Komplex (entsprechend einer freien Energie, ΔF von etwa 15 kcal) verbindet.

c) Bei diesem Stande ist die Synthese des Boten (zu der das Enzym RNS-Polymerase eingreifen muß) blockiert – wahrscheinlich durch ein einfaches sterisches Hindernis; diese Synthese muß zwangsläufig auf der Stufe des Promotors beginnen.

---

* Aus dem Englischen »messenger« (französisch »messager«) = »Bote«. Daher auch »m RNS« im wissenschaftlichen Sprachgebrauch. Anm. d. Übers.
** »Übersetzung«; in der Wissenschaft ist der lateinische Ausdruck üblich. Anm. d. Übers.
*** »Sequenz« bezeichnet die Reihenfolge, hier: die Aneinanderreihung von Aminosäuren in bestimmter Folge. Anm. d. Übers.

d) Der Repressor erkennt gleichfalls die β-Galaktoside, verbindet sich aber nur im *freien Zustand* fest mit ihnen. Bei Vorhandensein von β-Galaktosiden trennt sich daher der Komplex aus Operator und Repressor und ermöglicht die Synthese des Boten, also auch von Proteinen [8].

Es ist zu unterstreichen, daß die beiden Wechselwirkungen des Repressors non-kovalent und umkehrbar sind und daß insbesondere der Induktor durch seine Verbindung mit dem Repressor nicht verändert wird. So ist die Logik dieses Systems äußerst einfach: Der Repressor legt die Transkription* still; er wird seinerseits durch den Induktor inaktiviert. Aus dieser doppelten Negation geht eine positive Wirkung, eine »Affirmation« hervor. Man kann bemerken, daß die Logik dieser Negation der Negation nicht dialektisch ist: sie führt nicht zu einem neuen Satz, sondern zur bloßen Wiederholung des ursprünglichen Satzes, wie er entsprechend dem genetischen Code in der Struktur der DNS niedergeschrieben ist. Die Logik der biologischen Regelungssysteme gehorcht nicht der Hegelschen Logik, sondern der Booleschen Algebra und der Logik der Elektronenrechner.

Man kennt heute (bei den Bakterien) eine große Zahl analoger Systeme. Davon ist keines bisher völlig »auseinandergenommen« worden. Es ist jedoch sehr wahrscheinlich, daß einige dieser Systeme eine noch kompliziertere Logik besitzen als das »Laktose-System«, weil sie insbesondere nicht nur negative Wechselwirkungen umfassen. Die allgemeinsten und bedeutsamsten Erkenntnisse, die

---

[8] F. Jacob und J. Monod, in: ›Journal of Molecular Biology‹ 8 (1961), S. 318–356. Vgl. auch: The lactose operon. Hrsg. v. J. R. Beckwith und David Zipser. Cold Spring Harbor Monograph 1970.

* »Ablesung«: besser Umschreibung der Information (in eine leicht lesbare Form). Anm. d. Übers.

sich aus der Analyse des »Laktose-Systems« ziehen lassen, gelten aber auch für diese anderen Systeme. Es handelt sich um die folgenden Erkenntnisse:

a) Der Repressor, an sich ohne jede Aktivität, ist ein bloßer Vermittler (Transduktor) chemischer Signale.

b) Die Wirkung des Galaktosids auf die Synthese des Enzyms ist gänzlich indirekt und nur den Erkennungseigenschaften des Repressors und der Tatsache zuzuschreiben, daß er zwei einander ausschließende Zustände annehmen kann. Es handelt sich also um eine allosterische Wechselwirkung im Sinne des weiter oben abgehandelten allgemeinen Schemas.

c) Zwischen der Tatsache, daß die β-Galaktosidase die β-Galaktoside hydrolysiert, und der weiteren Tatsache, daß ihre Biosynthese durch die gleichen Substanzen induziert wird, gibt es keine *chemisch notwendige* Beziehung. Physiologisch nützlich, also »rationell«, ist diese Beziehung dennoch chemisch willkürlich. Wir nennen sie »zwangsfrei«.

Dieser grundlegende Begriff der *Zwangsfreiheit**, das heißt einer chemischen Unabhängigkeit zwischen der Funktion und der Beschaffenheit der chemischen Signale, von denen diese Funktion abhängig ist, bezieht sich auf die allosterischen Enzyme. In ihrem Falle erfüllt ein und dasselbe Eiweißmolekül gleichzeitig die spezifische katalytische Funktion und die Regelungsfunktion. Wie wir gesehen haben, sind die allosterischen Wechselwirkungen jedoch indirekt und nur auf die unterschiedlichen stereospezifischen Erkennungseigenschaften des Proteins in den zwei

Der Begriff der Zwangsfreiheit

---

* Französisch »gratuité« (englisch »gratuity«): kennzeichnet einen Vorgang »ohne Veranlassung«. Der Ausdruck stammt vom Verfasser. Anm. d. Übers.

(oder mehr) ihm zugänglichen Zuständen zurückzuführen. Zwischen dem Substrat eines allosterischen Enzyms und den Liganden, die seine Aktivität anregen oder hemmen, gibt es keine *chemisch notwendige* Beziehung der Struktur oder der Reaktionsfähigkeit. Der spezifische Charakter der Wechselwirkungen ist schließlich auch von der Struktur der Liganden unabhängig; er ist völlig von der Struktur des Proteins in den verschiedenen Zuständen bestimmt, die dieses annehmen kann; diese Proteinstruktur wird ihrerseits frei und willkürlich durch die Genstruktur *diktiert*.

Was die Regelung durch Vermittlung eines allosterischen Proteins anbetrifft, so ergibt sich daraus – und das ist der wesentliche Punkt –, daß *alles möglich ist*. Ein allosterisches Protein muß als ein spezialisiertes Erzeugnis des molekularen »engineering« betrachtet werden, das eine positive oder negative Wechselwirkung zwischen Substanzen ohne chemische Affinität herzustellen vermag und derart eine beliebige Reaktion der Einwirkung von Verbindungen unterwerfen kann, die gegenüber dieser Reaktion chemisch fremd und indifferent sind. Das Wirkungsprinzip der allosterischen Wechselwirkungen gestattet also eine völlige Freiheit in der »Wahl« der Steuerungsmechanismen, die, weil sie sich jedem chemischen Zwang entziehen, um so besser ausschließlich den physiologischen Zwängen gehorchen können; aufgrund dieser physiologischen Zwänge werden sie dann ausgewählt entsprechend dem Kohärenz- und Effizienzzuwachs, den sie der Zelle oder dem Organismus verschaffen. Weil sie der molekularen Evolution ein praktisch unbegrenztes Forschungs- und Experimentierfeld eröffnet hat, ist es schließlich gerade die *Zwangsfreiheit* dieser Systeme, durch die es möglich wurde, daß die Evolution der Moleküle ein ungeheures Netz von Steuerungskontakten aufbauen konnte, die den Organismus zu einer autonomen Funktionseinheit machen, dessen Leistungen die Gesetze der Chemie zu übertreten, wenn nicht gar ihnen sich zu entziehen scheinen.

Untersucht man diese Leistungen im mikroskopischen, molekularen Maßstab, dann stellt sich ja tatsächlich heraus, daß sie sich vollständig durch spezifische chemische Wechselwirkungen erklären lassen, die von den Steuerungs-Proteinen selektiv hergestellt und frei gewählt und organisiert werden. In der Struktur dieser Moleküle muß man den letzten Ursprung der Autonomie oder genauer: der Selbstbestimmung erblicken, durch die sich die Lebewesen in ihren Leistungen auszeichnen.

Die bisher untersuchten Systeme koordinieren die Tätigkeit der Zelle und machen sie zu einer Funktionseinheit. Bei den mehrzelligen Organismen besorgen spezialisierte Systeme die Koordination zwischen Zellen, Geweben und Organen: Dabei handelt es sich nicht nur um das Nervensystem und das endokrine System, sondern auch um direkte Wechselwirkungen zwischen Zellen. Ich will hier nicht beginnen, die Funktionsweise dieser Systeme zu untersuchen, die sich noch fast vollständig der mikroskopischen Beschreibung entziehen. Wir wollen indessen die Hypothese akzeptieren, daß die molekularen Wechselwirkungen, durch die in diesen Systemen chemische Signale weitergeleitet und gedeutet werden, auf Proteine zurückzuführen sind, die mit unterschiedlichen stereospezifischen Erkennungseigenschaften ausgestattet sind; für diese Proteine würde das Wesensprinzip der chemischen Zwangsfreiheit gelten, wie es sich aus der Untersuchung der allosterischen Wechselwirkungen im eigentlichen Sinne ergibt.

Holismus und Reduktionismus

Hier ist es vielleicht angebracht, zum Abschluß dieses Kapitels auf den alten Streit zwischen »Reduktionisten« und »Organizisten« zurückzukommen. Es ist bekannt, daß einige Denkschulen, die alle mehr oder weniger bewußt oder undeutlich durch Hegel beeinflußt sind, den Wert des *analytischen* Ansatzes bestreiten wollen, wenn es um so komplexe Systeme wie die Lebewesen geht. Nach diesen »organizistischen« oder »holistischen« Schulen[*], die in jeder Generation wie der Phoenix wiedererstehen[9], ist die als »reduktionistisch« bezeichnete analytische Haltung für immer unfruchtbar, weil sie versucht, die Eigenschaften einer sehr komplexen Organisation einzig und allein auf die »Summe« der Eigenschaften ihrer Teile zurückzuführen. Das ist ein sehr übler und sehr dummer Streit, der auf Seiten der »Holisten« nur von einer tiefen Unkenntnis der wissenschaftlichen Methode und der wesentlichen Rolle zeugt, die darin die Analyse spielt. Kann man sich auch nur vorstellen, daß ein Ingenieur vom Mars, der den Mechanismus eines irdischen Elektronenrechners erklären wollte, zu irgendeinem Ergebnis käme, wenn er sich prinzipiell weigern würde, die elektronischen Grundbestandteile zu sezieren, die die Operationen der propositionalen Algebra durchführen? Wenn es in der Molekularbiologie ein Gebiet gibt, auf dem sich besser als auf einem anderen die Unfruchtbarkeit der organizistischen Thesen im Gegensatz zur Stärke der analytischen Methode zeigt, so ist es die Erforschung der mikroskopischen Kybernetik, die wir im Laufe dieses Kapitels kurz skizziert haben.

[9] Vgl. Koestler und Smythies, Beyond reductionism. (Ed. Hutchinson) London 1969.
[*] Von den Anhängern des analytischen Denkens benutzter Ausdruck für das »ganzheitliche« Denken. Vom griechischen ὅλος = ganz, gesamt. – »Reduktionismus« bezeichnet die Tendenz zur Reduktion auf allgemeinste, elementare Sachverhalte. Anm. d. Übers.

Die Analyse der allosterischen Wechselwirkungen zeigt zuallererst, daß die teleonomischen Leistungen nicht ausschließlich das Erbteil komplexer Systeme mit vielen Bestandteilen sind, denn schon *ein* Protein-Molekül erweist sich als fähig, nicht nur selektiv eine Reaktion zu aktivieren, sondern seine Aktivität in Abhängigkeit von *mehreren* chemischen Informationen zu steuern.

An zweiter Stelle sehen wir durch die Erkenntnis der Zwangsfreiheit, wie und warum diese molekularen Regelungswechselwirkungen, die sich den chemischen Zwängen entziehen, allein aufgrund ihrer Beteiligung am Zusammenhang des Systems ausgewählt werden konnten.

Schließlich zeigt uns die Untersuchung dieser mikroskopischen Systeme, daß die Komplexität, der Reichtum und die Potenz des Steuerungsnetzes bei den Lebewesen weit über das hinausgehen, was die Untersuchung der bloßen Globalleistungen der Organismen jemals ahnen lassen könnte. Und selbst wenn diese Analysen noch lange keine vollständige Beschreibung des Steuerungssystems der einfachsten Zelle liefern, so zeigen sie doch, daß alle Tätigkeiten, die zum Wachstum und zur Vermehrung dieser Zelle beitragen, ausnahmslos direkt oder indirekt voneinander abhängig sind. Auf einer solchen Grundlage, nicht jedoch aufgrund einer vagen »allgemeinen Theorie der Systeme«[10] wird es uns möglich zu begreifen, in welchem sehr realen Sinne der Organismus die Naturgesetze, indem er sie gleichwohl einhält, scheinbar überschreitet – nur um sein Projekt zu verfolgen und zu vollenden.

---

10 Von Bertalanffy, in: Koestler, a. a. O.

Kapitel V
Molekulare Ontogenese

Die Lebewesen lassen sich, wie wir gesehen haben, in ihrem makroskopischen Aufbau und ihren Funktionen weitgehend mit Maschinen vergleichen. Von diesen unterscheiden sie sich dagegen radikal in ihrer Konstruktionsweise. Eine Maschine oder ein beliebiges Artefakt verdankt seine makroskopische Struktur der Einwirkung von äußeren Kräften, von Werkzeugen, die auf einen Stoff einwirken, um ihm eine Gestalt aufzuzwingen. Der Meißel des Bildhauers holt die Formen Aphrodites aus dem Marmor heraus; doch die Göttin wird aus dem Schaum der Wellen geboren (die durch Uranus' blutiges Organ befruchtet wurden), aus dem ihr Körper sich ganz von selbst entwickelt.

In diesem Kapitel möchte ich zeigen, daß dieser Prozeß einer spontanen und autonomen Morphogenese in letzter Instanz auf den stereospezifischen Erkennungseigenschaften der Proteine beruht, daß er ein mikroskopischer Prozeß ist, bevor er sich in makroskopischen Strukturen äußert. Wir suchen also in der Primärstruktur der Proteine das »Geheimnis« dieser kognitiven Eigenschaften, die sie zu den belebenden und aufbauenden Maxwellschen Dämonen der lebenden Systeme machen.

Es muß zunächst unterstrichen werden, daß die jetzt von uns angeschnittenen Probleme des Entwicklungsmechanismus der Biologie noch tiefe Rätsel aufgeben. Wenn die Embryologie auch bewundernswerte Beschreibungen der Entwicklung* geliefert hat, so ist man doch noch weit davon entfernt, die Ontogenese makroskopischer Strukturen als mikroskopische Wechselwirkungen analysieren zu können. Die Bildung einiger molekularer Gebilde ist dagegen heute ziemlich gut erfaßt, und ich möchte zeigen, daß es sich dabei um einen wirklichen Prozeß »molekularer Ontogenese« handelt, in dem sich die physikalische Natur dieser Erscheinung offenbart.

Ich habe schon bei anderer Gelegenheit daran erinnert, daß die globulären Proteine oft in der Form von Aggregaten auftreten, die eine begrenzte Anzahl chemisch identischer Untereinheiten enthalten. Da die Anzahl dieser Untereinheiten im allgemeinen gering ist, bezeichnet man diese Proteine als »Oligomere«. In diesen Oligomeren sind die Untereinheiten (Protomere) ausschließlich durch nonkovalente Bindungen miteinander verbunden. Darüberhinaus sind – wie wir schon gesehen haben – die Protomere innerhalb eines oligomeren Moleküls derart angeordnet, daß sie alle einander geometrisch äquivalent sind. Daraus folgt mit Notwendigkeit, daß jedes Protomer durch eine Symmetrieoperation, z. B. eine Drehung, in jedes beliebige andere Protomer verwandelt werden kann. Es läßt sich leicht beweisen, daß die so gebildeten Oligomere die Symmetrieelemente einer der Drehgruppen (Symmetriegruppen erster Art) aufweisen.

Diese Moleküle stellen daher richtige mikroskopische

---

* Mit »Entwicklung« (développement) ist die Herausbildung, die Entfaltung von Merkmalen oder Eigenschaften bei den Organismen gemeint. Nicht zu verwechseln mit der allgemeinen Evolution! Anm. d. Übers.

Kristalle dar, gehören jedoch zu einer besonderen Klasse; ich nenne sie »geschlossene Kristalle«, denn im Unterschied zu den Kristallen im eigentlichen Sinne (die gemäß einer der Raumgruppen aufgebaut sind) können sie nicht wachsen, ohne neue Symmetrie-Elemente zu erwerben und (im allgemeinen) einige der alten zu verlieren.

Wir haben schon gesehen, daß schließlich einige funktionale Eigenschaften dieser Proteine an ihren oligomeren Zustand wie an ihre symmetrische Struktur gebunden sind. Die Entstehung dieser mikroskopischen Gebilde stellt ein biologisch bedeutsames und physikalisch interessantes Problem dar.

Die spontane Assoziation der Untereinheiten in den oligomeren Proteinen

Da die Protomere in einem oligomeren Molekül nur durch non-kovalente Bindungen zusammengefügt sind, ist es oft möglich, sie durch sehr schwache Einwirkungen (beispielsweise ohne auf hohe Temperaturen oder aggressive chemische Mittel zurückzugreifen) in monomere Einheiten zu zerlegen. In diesem Zustand hat das Protein im allgemeinen viele seiner funktionalen, katalytischen oder regulierenden Eigenschaften verloren. Werden nun die »normalen« Ausgangsbedingungen wiederhergestellt (durch Entfernung des die Dissoziation begünstigenden Mittels), dann läßt sich – und das ist der entscheidende Punkt – im allgemeinen feststellen, daß die oligomeren Aggregate sich spontan wieder bilden und der »native« Zustand vollständig wiederhergestellt wird mit der gleichen Anzahl von Protomeren, der gleichen Symmetrie und dem uneingeschränkten Wiedererscheinen der funktionalen Eigenschaften.

Darüberhinaus vollzieht sich die Reassoziation von Untereinheiten, die zur gleichen Proteinart gehören, nicht nur in einer Lösung, die allein dieses betreffende Protein enthält. Sie findet ebensogut in komplexen Mischungen statt, die Hunderte, wenn nicht Tausende anderer Proteine enthalten. Ein Beweis dafür, daß auch hier wieder einmal ein Erkennungsprozeß von äußerster Spezifizität stattfindet, der selbstverständlich darauf zurückzuführen ist, daß die Protomere untereinander non-kovalente stereospezifische Komplexe bilden. Man kann dies zu Recht als einen *epigenetischen* Prozeß [1] betrachten, denn aus einer Lösung von monomeren Molekülen ohne jegliche Symmetrie sind größere Moleküle von einem höheren Ordnungsgrad hervorgetreten, die mit einem Schlage die vorher gänzlich abwesenden funktionalen Eigenschaften gewonnen haben.

In der Hauptsache interessiert uns hier, daß dieser Prozeß der molekularen Epigenese *spontan* abläuft, und zwar im doppelten Sinne:

1. Das für die Bildung der Oligomere nötige chemische Potential ist nicht in das System eingegeben worden: Man muß annehmen, daß es in den gelösten Monomeren enthalten ist.

2. Der Prozeß ist nicht nur in thermodynamischer Beziehung, sondern auch in kinetischer Hinsicht spontan: Um ihn zu aktivieren, ist kein Katalysator erforderlich. Das ist natürlich der Tatsache zuzuschreiben, daß diese Bindungen non-kovalenter Art sind. Wir haben schon hervorgehoben,

---

[1] Es ist bekannt, daß das Auftreten von neuen Strukturen und Eigenschaften im Verlauf der embryonalen Entwicklung oft als ein »epigenetischer« Prozeß bezeichnet worden ist, da es eine graduelle Bereicherung des Organismus gegenüber dem durch das ursprüngliche Ei dargestellten rein genetischen Ausgangspunkt bezeugen sollte. Das Adjektiv wird häufig in bezug auf heute überholte Theorien benutzt, durch die sich die Anhänger einer »Präformation« (die glaubten, das Ei enthalte das erwachsene Tier in Miniatur) und die Anhänger einer epigenetischen Entwicklung (die an eine *wirkliche* Bereicherung der ursprünglich gegebenen Information glaubten) voneinander schieden. Ich benutze diesen Ausdruck hier ohne Bezug auf irgendeine Theorie zur Kennzeichnung eines jeglichen strukturellen und funktionalen Entwicklungsprozesses.

von welch großer Bedeutung es ist, daß die Ausbildung wie die Lösung solcher Bindungen beinahe überhaupt keine Aktivierungsenergie erfordert.

Eine solche Erscheinung läßt sich gut mit der Bildung von molekularen Kristallen aus einer Lösung von Molekülen vergleichen. Auch dort baut sich spontan eine Ordnung auf, indem Moleküle, die zu einer chemischen Art gehören, sich untereinander assoziieren. Die Analogie ist um so zwingender, als sich in beiden Fällen Strukturen bilden, die nach einfachen und sich wiederholenden geometrischen Regeln geordnet sind. Man hat jedoch vor kurzem zeigen können, daß gewisse Zellorganellen von viel komplexerer Struktur ebenfalls Produkt einer spontanen Ansammlung sind. Das ist der Fall bei den Ribosomen; diese Teilchen bilden die Hauptbestandteile des Übersetzungsapparates des genetischen Code, d. h. also der Maschine für die Synthese der Proteine. Gebildet werden diese Teilchen, deren Molekulargewicht 10^6 überschreitet, durch die Ansammlung von etwa dreißig verschiedenen Proteinen und drei verschiedenen Arten von Nukleinsäuren. Obwohl die genaue Anordnung dieser unterschiedlichen Bestandteile innerhalb des Ribosoms nicht bekannt ist, steht doch fest, daß dieses äußerst präzise organisiert ist und daß seine funktionale Tätigkeit davon abhängt. Nimmt man nun die dissoziierten Bestandteile von Ribosomen, so läßt sich *in vitro,* im Reagenzglas, die spontane Wiederherstellung von Teilchen beobachten, die die gleiche Zusammensetzung, das gleiche Molekulargewicht, die gleiche funktionale Aktivität aufweisen wie das »native« Ausgangsmaterial [2].

Das zweifellos spektakulärste Beispiel für eine spontane

Die spontane Strukturation komplexer Partikel

---

2 M. Nomura, Ribosomes, in: ›Scientific American‹ 221 (1969), S. 28.

Herstellung komplexer molekularer Gebilde, das bis heute bekannt ist, sind indessen gewisse Bakteriophagen [3]. Die komplizierte Struktur des Bakteriophagen T4 ist sehr gut seiner Funktion angepaßt, nicht bloß das Genom (das heißt die DNS) des Virus zu schützen, sondern sich an die Wand der Wirtszelle zu heften, um seinen DNS-Gehalt nach Art einer Spritze in sie zu injizieren. Die verschiedenen Bestandteile dieser mikroskopischen Präzisionsmaschine lassen sich einzeln von verschiedenen Mutanten dieses Virus gewinnen. Mischt man sie *in vitro*, so lagern sie sich *spontan* zusammen und stellen wieder Teilchen her, die mit den normalen Teilchen identisch und vollkommen in der Lage sind, ihre Funktion als DNS-Spritze auszuüben [4].

Alle diese Beobachtungen sind verhältnismäßig neuen Datums, und man kann auf diesem Gebiet der Forschung mit bedeutenden Fortschritten rechnen, die dazu führen werden, daß man immer komplexere Zellorganellen, wie zum Beispiel Mitochondrien oder Membransysteme, *in vitro* künstlich wiederherstellt. Die paar Fälle, die wir hier vorgeführt haben, genügen indessen zur Verdeutlichung des Prozesses, in dem durch die *spontane* stereospezifische Aggregation von Eiweißbestandteilen komplexe Strukturen aufgebaut werden, an die sich funktionale Eigenschaften knüpfen. Aus einer ungeordneten Mischung von Molekülen, die einzeln für sich ohne jede Aktivität sind und keine wirkliche funktionale Eigenschaft besitzen, außer daß sie die Partner erkennen, mit denen sie eine Struktur bilden sollen – aus dieser Mischung »erscheinen« Ordnung, strukturelle Differenzierung und Funktionserwerb. Und wenn

---

[3] »Bakteriophagen« nennt man die Viren, die Bakterien befallen.
[4] R. S. Edgar und W. B. Wood, Morphogenesis of bacteriophage T₄ in extracts of mutant infected cells. In: ›Proceedings of the National Academy of Science‹ 55 (1966), S. 498.

man bei den Ribosomen oder den Bakteriophagen auch nicht mehr von Kristallisation sprechen kann, da diese Teilchen einen sehr viel höheren Komplexitäts-, d. h. Ordnungsgrad aufweisen als die uns bekannten Kristalle, so sind doch letzten Endes die ins Spiel kommenden chemischen Wechselwirkungen von der gleichen Art wie jene, die einen molekularen Kristall aufbauen. Wie bei einem Kristall bildet eigentlich die Struktur der aggregierten Moleküle die »Informations«quelle für den Aufbau des Ganzen. Das Wesen dieser epigenetischen Prozesse besteht folglich darin, daß die Gesamtorganisation eines komplexen multimolekularen Gebildes potentiell in der Struktur seiner Bestandteile enthalten ist, sich aber erst offenbart und damit *wirklich* wird durch ihren Zusammenschluß.

Diese Analyse reduziert offenbar den alten Streit zwischen Präformatisten und Epigenetisten auf ein Wortgefecht, das jeglichen Interesses entbehrt. Die vollendete Struktur war nirgendwo als solche präformiert. Aber der Strukturplan war schon in seinen Bestandteilen vorhanden. Die Struktur kann sich daher autonom und spontan verwirklichen – ohne äußeren Eingriff, ohne Eingabe neuer Information. Die Information war – jedoch unausgedrückt – in den Bestandteilen schon vorhanden. Der epigenetische Aufbau einer Struktur ist nicht eine *Schöpfung*, er ist eine *Offenbarung*.

Daß diese Konzeption, die sich direkt auf die Untersuchungen über die Entstehung mikroskopischer Gebilde stützt, gleichermaßen zur Erklärung der Epigenese makroskopischer Strukturen (Gewebe, Organe, Glieder usw.) dienen könne und solle – daran zweifeln die modernen Biologen nicht, auch wenn sie zugeben, daß es sich um eine Extrapo-

Mikroskopische und makroskopische Morphogenese

lation handelt, für die es noch keine direkten Beweise gibt. Diese Probleme stellen sich in einem ganz unterschiedlichen Maßstab nicht bloß der Dimensionen, sondern auch der Komplexität. In makroskopischem Maßstab finden die wichtigsten konstruktiven Wechselwirkungen nicht zwischen molekularen Bestandteilen, sondern zwischen Zellen statt. Man hat zeigen können, daß aus demselben Gewebe isolierte Zellen wirklich in der Lage sind, einander differenzierend zu erkennen und sich zu vereinigen. Man weiß indessen noch nicht, durch welche Bestandteile oder Strukturen die Zellen sich untereinander erkennen. Alles deutet darauf hin, daß es sich um charakteristische Strukturen der Zellmembranen handelt. Aber man weiß nicht, ob einzelne Molekularstrukturen oder multimolekulare Oberflächengitter diese Erkennungselemente sind [5]. Wie dem auch sei – und selbst wenn es Gitter sind, die sich nicht ausschließlich aus Proteinen zusammensetzen –, letzten Endes wäre die Struktur solcher Gitter notwendig durch die Erkennungseigenschaften ihrer Eiweißbestandteile bestimmt wie durch die Erkennungseigenschaften der Enzyme, die für die Biosynthese der anderen Bestandteile des Gitters (zum Beispiel Polysaccharide oder Lipide) verantwortlich sind.

Es ist daher möglich, daß die »kognitiven« Eigenschaften der Zellen nicht die unmittelbare Äußerung der Unterscheidungsfähigkeit einiger Proteine sind, sondern diese Fähigkeit nur auf sehr großen Umwegen zum Ausdruck bringen. Der Aufbau eines Gewebes oder die Differenzierung eines Organs müssen als makroskopische Erscheinungen gleichwohl als die integrierte Folge vielfacher mikro-

---

[5] J.-P. Changeux, in: Symmetry and function in biological systems at the macromolecular level. *Nobel Symposium* Nr. 11, hrsg. v. A. Engström und B. Strandberg. New York (John Wiley and Sons Inc.) 1969, S. 235–256.

skopischer Wechselwirkungen von Proteinen betrachtet werden; sie gehen über die *spontane* Bildung non-kovalenter Komplexe auf die stereospezifischen Erkennungseigenschaften der Proteine zurück.

Es ist jedoch zuzugeben, daß diese »Reduktion« der Erscheinungen der Morphogenese »aufs Mikroskopische« vorerst keine wirkliche Theorie dieser Erscheinungen darstellt. Es ist eher eine Grundsatzposition, die bloß den begrifflichen Rahmen angibt, in dem eine solche Theorie formuliert werden müßte, wenn sie mehr als eine bloße phänomenologische Beschreibung bieten soll. Dieser Grundsatz definiert das zu erreichende Ziel, doch wirft er nur sehr schwaches Licht auf den einzuschlagenden Weg. Man stelle sich nur vor, wie ungeheuer problematisch es ist, die Entwicklung eines so komplexen Apparates im molekularen Maßstab zu erklären, wie ihn das Zentralnervensystem darstellt, in dem Milliarden spezifischer Schaltungen zwischen den Zellen realisiert werden müssen – und das manchmal über relativ beachtliche Entfernungen.

Das zweifellos schwierigste und wichtigste Problem der Embryologie sind derartige Fernwirkungen oder Fernorientierungen. Die Embryologen haben zur Erklärung vornehmlich der Regenerationserscheinungen den Begriff des »morphogenetischen Feldes« oder »Gradienten« eingeführt. Dieser Begriff scheint zunächst weit über die stereospezifische Wechselwirkung hinauszugehen, die sich in der Größenordnung einiger Ångström abspielt. Doch nur sie bietet eine angemessene physikalische Erklärung, und es ist keineswegs unvorstellbar, daß solche in kleinen Schritten wiederholten und vervielfältigten Wechselwirkungen einen Aufbau im Millimeter- oder Zentimetermaßstab schaffen oder bestimmen können. Die moderne Embryologie geht in diese Richtung. Der Begriff rein *statischer* stereospezifischer Wechselwirkungen wird sich sehr wahrscheinlich für die Erklärung des morphogenetischen »Feldes« oder der Gradienten als unzureichend erweisen. Er wäre durch kinetische Hypothesen zu erweitern, die vielleicht jenen analog sind, durch die sich die allosterischen Wechselwirkungen erklären lassen. Was mich betrifft, so bleibe ich bei der Überzeugung, daß letzten Endes allein bei den stereospezifischen Assoziationseigenschaften der Proteine der Schlüssel zu diesen Erscheinungen liegt.

Welche der Funktionen der Proteine man auch untersucht – die katalytische, die regulierende oder die epigenetische –, man kann nicht umhin zuzugeben, daß sie insgesamt und in erster Linie auf den stereospezifischen Assoziationseigenschaften dieser Moleküle beruhen.

Primärstruktur und globuläre Struktur der Proteine

Nach der in diesem und in den beiden vorhergehenden Kapiteln dargelegten Konzeption lassen sich alle teleonomischen Leistungen und Strukturen – wenigstens grundsätzlich – in diesen Begriffen analysieren. Wenn diese Konzeption richtig ist – und es ist kein Anlaß, daran zu zweifeln –, dann muß zur Auflösung des Paradoxons der Teleonomie noch geklärt werden, in welcher Weise die sich assoziierenden stereospezifischen Proteinstrukturen entstehen und nach welchen Mechanismen sie sich entwickeln. Ich ziehe an dieser Stelle nur die Entstehungsweise dieser Strukturen in Betracht und behalte die Frage ihrer Entwicklung den folgenden Kapiteln vor. Ich hoffe zeigen zu können, daß die detaillierte Untersuchung dieser molekularen Strukturen, in denen ja das letzte »Geheimnis« der Teleonomie verborgen liegt, zu sehr bedeutsamen Schlußfolgerungen führt.

Zunächst ist daran zu erinnern, daß die räumliche Struktur eines globulären Proteins durch zwei Typen von chemischen Bindungen bestimmt wird (vgl. Anhang I, S. 223).

1. Die sogenannte »Primärstruktur« wird durch eine topologisch lineare Folge von kovalent verbundenen Aminosäure-Radikalen gebildet. Diese Bindungen allein legen also eine Kettenstruktur fest, die äußerst flexibel und fähig ist, theoretisch eine beinahe unbegrenzte Anzahl verschiedener Konformationen anzunehmen.

2. Aber die sogenannte »native« Konformation eines globulären Proteins wird darüberhinaus durch eine sehr große Anzahl non-kovalenter Wechselwirkungen stabilisiert, die die Aminosäure-Radikale entlang der topologisch linearen kovalenten Sequenz untereinander verbinden. Im Ergebnis faltet sich der Polypeptid-Faden in sehr komplexer Weise, so daß ein kompaktes, pseudoglobuläres Knäuel entsteht. Diese komplexen Faltungen bestimmen schließlich die räumliche Struktur des Moleküls und damit die genaue Form der stereospezifischen Assoziationsflächen, durch die das Molekül seine Erkennungsfunktion ausübt. Wie man sieht, wird also durch die Summe oder vielmehr das Zusammenwirken einer großen Zahl non-kovalenter Wechselwirkungen innerhalb des Moleküls die funktionale Struktur stabilisiert, die es dem Protein ermöglicht, elektiv mit anderen Molekülen stereospezifische (und ebenfalls non-kovalente) Komplexe zu bilden.

Das Problem, das uns hier interessiert, ist die Ontogenese, die Entstehungsweise dieser besonderen, einmaligen Konformation, an die die kognitive Funktion eines Proteins geknüpft ist. Man hat lange Zeit glauben können, daß wegen der Komplexität dieser Strukturen und wegen der Tatsache, daß sie durch jeweils sehr labile non-kovalente Wechselwirkungen stabilisiert werden, ein und dieselbe Polypeptid-Faser sehr viele distinkte Konformationen annehmen könne. Aufgrund einer ganzen Reihe von Beobachtungen sollte es sich jedoch zeigen, daß ein (durch seine Primärstruktur definierter) chemischer Typus im nativen Zustand unter normalen physiologischen Bedingungen nur in einer einzigen Konformation vorkommt (oder zumindest in einer sehr geringen Anzahl verschiedener Zustände, die sich nicht sehr stark voneinander unterscheiden wie im Falle der allosterischen Proteine). Diese Konformation ist sehr präzise festgelegt, was durch die Tatsache bewiesen wird, daß die Proteinkristalle ausgezeichnete Beugungsbilder von Röntgen-Strahlen ergeben. Das bedeutet, daß die große Mehrheit der Tausende von Atomen, aus denen ein Molekül besteht, in ihrer Position bis auf wenige Bruchteile eines Ångström genau festgelegt ist. Merken wir im übrigen an, daß diese Gleichförmigkeit und diese Präzision der Struktur Vorbedingung für die Spezifizität der Assoziation und damit biologisch wesentliche Eigenschaften der globulären Proteine sind.

Der Entstehungsmechanismus dieser Strukturen ist in seinem Prinzip heute ziemlich gut erfaßt. Man weiß nämlich, daß

1. die genetische Determination der Proteinstrukturen *ausschließlich die Sequenz* der Aminosäure-Radikale *festlegt,* die einem gegebenen Protein entspricht; und

2. die derart synthetisierte Polypeptid-Kette sich *spontan* und *selbsttätig* faltet, wodurch die pseudo-globuläre funktionale Konformation entsteht.

Die Bildung der globulären Strukturen

Aus den Tausenden von gefalteten Konformationen, welche die Polypeptid-Kette grundsätzlich annehmen kann, wählt sie tatsächlich eine einzige aus und verwirklicht sie. Es handelt sich, wie man sieht, um einen wirklichen epigenetischen Prozeß, der sich auf der einfachsten möglichen Stufe, in einem einzelnen Makromolekül abspielt. Der entfalteten Faser sind Tausende von Konformationen zugänglich. Andererseits zeigt sie keinerlei biologische Aktivität. Der gefalteten Form ist dagegen nur ein einziger Zustand möglich, dem folglich ein sehr hohes Ordnungsniveau entspricht. Und nur an diesen Zustand ist die funktionale Aktivität geknüpft.

Dieses kleine Wunder an molekularer Epigenese läßt sich in seinem Prinzip relativ leicht erklären.

1. In physiologisch normalem Milieu, das heißt in wäßriger Phase, sind die gefalteten Formen des Proteins thermodynamisch stabiler als die entfalteten Formen. Die Ursache dieses Stabilitätsgewinns ist sehr interessant; es ist wichtig, sie zu klären. Etwa die Hälfte der Aminosäure-Radikale, die die Sequenz bilden, ist »hydrophob«, d. h. sie verhält sich im Wasser wie Öl: Diese Radikale tendieren dazu, sich aneinander zu lagern und dabei die Wassermoleküle freizusetzen, mit denen sie vorher in Kontakt standen. Daher nimmt das Protein eine kompakte Struktur an und fixiert die Radikale, aus denen die Kette sich zusammensetzt, aufgrund der gegenseitigen Wechselwirkungen. Das ist für die Proteine eine Zunahme an Ordnung (oder Negentropie), die dadurch ausgeglichen wird, daß die durch ihre Ausschließung *freigesetzten* Wassermoleküle die Unordnung, das heißt die Entropie des Systems zunehmen lassen.

2. Nur eine einzige oder eine sehr geringe Anzahl unter den verschiedenen gefalteten Strukturen, die einer gegebenen Polypeptid-Kette zugänglich sind, kann eine Struktur größtmöglicher Kompaktheit annehmen. Diese Struktur ist daher gegenüber allen anderen privilegiert. Sagen wir mit einer gewissen Vereinfachung, daß jene Struktur »ausgewählt« wird, die am meisten Wassermoleküle ausschließt. Die verschiedenen Realisierungsmöglichkeiten kompakter Strukturen sind offensichtlich von der relativen Stellung,

d. h. der Reihenfolge der Aminosäure-Radikale (vor allem der hydrophoben Radikale) in der Kette abhängig. Die für ein gegebenes Protein eigentümliche, seine funktionale Wirksamkeit bestimmende globuläre Konformation wird also tatsächlich durch die Reihenfolge der Radikale in der Kette *zwingend vorgeschrieben*. Die Informationsmenge, die zur vollständigen Bestimmung der dreidimensionalen Struktur eines Proteins nötig wäre, ist jedoch – und darauf kommt es entscheidend an – *sehr viel größer* als die Informationsmenge, die man benötigt, um die Sequenz festzulegen. So entspräche zum Beispiel die Information (H), die zur Festlegung der Reihenfolge eines Polypeptids aus hundert Aminosäuren nötig wäre, ungefähr 432 bits (H = $\log_2 20^{100}$); demgegenüber müßte man, um die dreidimensionale Struktur festzulegen, dieser Zahl noch eine große Menge von Informationen hinzufügen – eine Menge, die übrigens nicht leicht zu berechnen ist (sagen wir: mindestens 1000 bis 2000 bits).

Man kann daher einen Widerspruch darin erblicken, daß einerseits das Genom die Funktion eines Proteins »vollständig bestimmt«, während diese Funktion andererseits an eine dreidimensionale Struktur gebunden ist, deren Informationsgehalt größer ist als der Betrag, den die genetische Determination direkt zur Bestimmung dieser Struktur beiträgt. Es war unvermeidlich, daß einige Kritiker der modernen biologischen Theorie diesen Widerspruch heraus-

Das falsche Paradoxon der epigenetischen »Bereicherung«

kehrten – vor allem Elsässer, der gerade in der epigenetischen Entwicklung der (makroskopischen) Strukturen der Lebewesen ein Phänomen erblickt, das physikalisch nicht erklärbar ist, weil es eine »Bereicherung ohne Ursache« zu bezeugen scheint.

Dieser Einwand entfällt, wenn man die Mechanismen der molekularen Epigenese im Detail untersucht: Die Informationsbereicherung, wie sie der Bildung der dreidimensionalen Struktur entspricht, rührt daher, daß die (durch die Sequenz repräsentierte) genetische Information tatsächlich unter genau festgelegten Anfangsbedingungen zum Ausdruck kommt (in wässriger Phase, innerhalb bestimmter enger Grenzen der Temperatur, der Ionenzusammensetzung usw.), so daß von allen möglichen Strukturen nur eine einzige realisierbar wird. So tragen die Anfangsbedingungen zu der Information bei, die schließlich in der globulären Struktur enthalten ist, ohne sie deshalb zu spezifizieren; sie eliminieren nur die anderen möglichen Strukturen und schlagen auf diese Weise vor oder erzwingen es vielmehr, einer *a priori* zum Teil mehrdeutigen Botschaft eine eindeutige Interpretation zu geben.

Man kann also in dem Strukturierungsprozeß eines globulären Proteins gleichzeitig das mikroskopische Abbild und die Ursache der selbsttätigen epigenetischen Entwicklung des Organismus sehen. In dieser Entwicklung lassen sich mehrere Etappen oder aufeinander folgende Stufen erkennen:

1. Die Faltung der Polypeptid-Ketten, aus der die globulären Strukturen entstehen, die mit stereospezifischen Assoziationseigenschaften ausgestattet sind;

2. assoziative Wechselwirkungen zwischen Proteinen (oder Proteinen und anderen Bestandteilen), durch welche sich die Zellorganellen bilden;

3. Wechselwirkungen zwischen Zellen zur Bildung von Geweben und Organen;

4. auf allen diesen Etappen Koordinierung und Differenzierung der chemischen Aktivitäten durch Wechselwirkungen allosterischer Art.

Auf jeder dieser Etappen tauchen neue Strukturen höherer Ordnung und neue Funktionen auf; sie gehen aus spontanen Wechselwirkungen zwischen den Produkten der vorhergehenden Etappe hervor und zeigen, wie in einem mehrstufigen Feuerwerk, die latenten Möglichkeiten der früheren Stufen. Seine Ursache findet der ganze Determinismus dieser Erscheinung schließlich in der genetischen Information, die in der Summe der Polypeptid-Sequenzen zum Ausdruck kommt und die durch die Anfangsbedingungen interpretiert, oder genauer: gefiltert wird.

Die *ultima ratio* aller teleonomischen Strukturen und Leistungen der Lebewesen ist also in den verschiedenen Sequenzen von Radikalen der Polypeptid-Ketten enthalten – in den »Embryos« jener biologischen »Maxwellschen Dämonen« (der globulären Proteine). In einem sehr realen Sinne ruht das Geheimnis des Lebens, so es eines gibt, auf dieser Stufe der chemischen Organisation. Wüßte man diese Sequenzen nicht nur zu beschreiben, sondern auch das Gesetz zu benennen, dem sie in ihrer Zusammensetzung gehorchen, dann könnte man sagen, das Geheimnis sei durchbrochen, die *ultima ratio* sei enthüllt.

Die ultima ratio der teleonomischen Strukturen

Die erste vollständige Sequenzaufklärung eines globulären Proteins wurde 1952 von Sanger beschrieben. Es war zugleich eine Offenbarung und eine Enttäuschung. In dieser Sequenz, mit der man die Struktur, folglich auch die Auswahleigenschaften eines funktionalen Proteins (des Insulins) bestimmen konnte, ließ sich keine Regelmäßigkeit, keine Besonderheit, keine Einschränkung entdecken. Man konnte jedoch noch hoffen, daß in dem Maße, wie sich solche Belege häufen würden, doch irgendwelche Gesetze für die Art der Verknüpfungen oder einige funktionale Korrelationen zum Vorschein kommen würden. Heute kennt man Hunderte von Sequenzen verschiedener Proteine, die aus den unterschiedlichsten Organismen extrahiert wurden. Aus diesen Sequenzen und einem systematischen Vergleich mit Hilfe moderner Untersuchungs- und Rechenmethoden läßt sich heute das allgemeine Gesetz ableiten: Es ist das Gesetz des Zufalls. Um es genauer auszudrücken: Diese Strukturen sind in dem Sinne »zufällig«, als es unmöglich ist, irgendeine theoretische oder empirische Regel zu formulieren, mit der sich aus einer genauen Kenntnis von 199 eines aus 200 Bausteinen bestehenden Proteins die Beschaffenheit des restlichen, noch nicht durch die Analyse festgestellten Bausteins vorhersagen ließe.

Wenn wir sagen, daß die Reihenfolge der Aminosäuren in einem Polypeptid »zufällig« sei, so kommt das keineswegs – und daran ist festzuhalten – einem Eingeständnis der Unwissenheit gleich; wir drücken damit eine Tatsachenfeststellung aus – derart zum Beispiel, daß die mittlere Häufigkeit, mit der ein bestimmter Baustein in den Polypeptiden auf einen bestimmten anderen Baustein folgt, dem *Produkt* der mittleren Häufigkeiten gleich ist, mit denen die beiden Bausteine allgemein in den Proteinen vorkommen. Man kann das auch mit einem anderen Bilde darstellen. Nehmen wir ein Kartenspiel an, in dem jede Karte die Bezeichnung einer Aminosäure trägt. Der Haufen bestehe aus zweihundert Karten, bei denen der mittlere Anteil jeder Aminosäure berücksichtigt ist. Nachdem man die Karten gemischt hat, wird man Zufallsfolgen erhalten, die sich durch nichts von den tatsächlich beobachteten Folgen in den natürlichen Polypeptiden unterscheiden lassen.

Wenn uns auch in diesem Sinne jede primäre Proteinstruktur als das reine Produkt einer Zufallsauswahl erscheint, so trifft andererseits in einer ebenso signifikanten Weise für jedes der zwanzig verfügbaren Kettenglieder zu, daß die Reihenfolge ihrer Synthese keineswegs eine zufällige ist, da die gleiche Ordnung praktisch fehlerfrei in allen Molekülen des betreffenden Proteins wiederkehrt. Wäre dem nicht so, dann würde es in der Tat unmöglich, durch die chemische Analyse die Reihenfolge einer Molekülmenge festzustellen.

Man muß daher annehmen, daß die »zufällige« Reihenfolge jedes Proteins tatsächlich in jedem Organismus, in jeder Zelle und in jeder Generation Tausende und Millionen mal durch einen Mechanismus von hoher Wiedergabequalität reproduziert wird, der damit die Invarianz der Strukturen gewährleistet.

Man kennt heute nicht nur das Prinzip, sondern auch die meisten Teile dieses Mechanismus. In einem späteren Kapitel kommen wir darauf zurück. Es ist unnötig, die Einzelheiten dieses Mechanismus zu kennen, um zu verstehen, welch tiefe Bedeutung die geheimnisvolle Botschaft hat, die in der Reihenfolge der Radikale in einer Polypeptid-Kette steckt. Unter allen möglichen Kriterien scheint es, als sei diese Botschaft durch den Zufall diktiert. Diese Botschaft ist indessen mit einem Sinn befrachtet, der sich in den auswählenden, funktionalen, unmittelbar teleonomischen Wechselwirkungen der globulären Struktur offenbart, die durch die Übersetzung der linearen Reihenfolge in drei Dimensionen entsteht. Ein globuläres Protein ist schon im molekularen Maßstab aufgrund seiner funktionalen Eigenschaften eine richtige Maschine, nicht aber – wie wir jetzt erkennen – aufgrund seiner fundamentalen Struktur, in der sich nur ein blindes Kombinationsspiel ausmachen läßt. Der Zufall wird durch den Invarianzmechanismus eingefangen, konserviert und reproduziert und so in Ordnung, Regel, Notwendigkeit verwandelt. Aus einem *völlig* blinden Spiel kann sich *per definitionem* alles ergeben, auch das Sehen. Ursprung und Abstammung der gesamten Biosphäre spie-

Die Interpretation der Botschaft

geln sich in der Ontogenese eines funktionalen Proteins; und der letzte Grund des Projekts, das die Lebewesen darstellen, verfolgen und vollenden, enthüllt sich in dieser Botschaft – in dem klaren, zuverlässigen Text der primären Struktur, der jedoch seinem Wesen nach undechiffrierbar ist. Undechiffrierbar, weil er in der Struktur nur den Zufall seiner Entstehung offenbart, solange er nicht seine physiologisch notwendige Funktion geäußert hat. Aber gerade darin besteht für uns der innerste Sinn dieser Botschaft, die uns aus der Tiefe der Zeiten erreicht.

ёKapitel VI
Invarianz und Störungen

Das westliche Denken ist seit seiner Geburt auf den jonischen Inseln vor fast dreitausend Jahren zwischen zwei scheinbar entgegengesetzten Einstellungen geteilt gewesen. Einer dieser Philosophien zufolge kann die höchste und authentische Wirklichkeit der Welt nur in vollkommen unwandelbaren, ihrem Wesen nach unveränderlichen Formen liegen. Nach der anderen Philosophie besteht dagegen die einzige Wirklichkeit der Welt in der Bewegung und der Entwicklung.

Von Platon bis Whitehead, von Heraklit bis Hegel und Marx liegt es offen zutage, daß diese metaphysischen Erkenntnistheorien immer eng mit den moralischen und politischen Ideen ihrer Urheber verbunden waren. Diese ideologischen Gebilde, die als *apriorische* dargestellt wurden, waren in Wirklichkeit Konstruktionen *a posteriori*, die eine vorgefaßte ethisch-politische Theorie rechtfertigen und begründen sollten [1].

Platon und Heraklit

Das einzige *a priori* für die Wissenschaft ist die Objektivitätsforderung, die es ihr erspart oder vielmehr verbietet,

---

[1] Vgl. K. R. Popper, The Open Society and Its Enemies. London (Routledge) 1945 (deutsch: Die offene Gesellschaft und ihre Feinde. Bern 1957/58).

sich an dieser Debatte zu beteiligen. Die Wissenschaft studiert die Entwicklung des Universums oder der in ihm enthaltenen Systeme, wie etwa die Biosphäre, darunter auch den Menschen. Wir wissen, daß jede Erscheinung, jedes Ereignis, jede Erkenntnis Wechselwirkungen beinhalten, die selber Veränderungen in den Bestandteilen des Systems hervorrufen. Diese Erkenntnis ist jedoch keineswegs unvereinbar mit der Vorstellung, daß es stets gleichbleibende Entitäten in der Struktur des Universums gibt. Ganz im Gegenteil: Die Hauptstrategie der Wissenschaft bei der Untersuchung der Erscheinungen läuft auf die Entdeckung der Invarianten hinaus. Jedes Naturgesetz wie übrigens jede mathematische Ableitung legt eine Invarianzbeziehung fest. Die grundlegenden Sätze der Naturwissenschaft sind universelle Erhaltungspostulate. An jedem beliebigen Beispiel, das man auswählen könnte, ist leicht einzusehen, daß es in der Tat unmöglich ist, irgendeine Erscheinung anders zu analysieren als in Begriffen der in ihr bewahrten Invarianten. Das klarste Beispiel dafür ist vielleicht die Formulierung der Gesetze der Bewegungslehre, die die Entwicklung der Differentialgleichungen *erforderlich* machte – also eines Mittels, die Veränderung durch das unverändert Bleibende zu bestimmen.

Gewiß kann man sich fragen, ob alle die Invarianzen, Erhaltungen und Symmetrien, die das Grundmuster der wissenschaftlichen Aussage bilden, nicht Fiktionen sind, die an die Stelle der Realität treten und ein operationales Abbild von ihr vermitteln, das zwar teilweise substanzlos, dafür aber einer Logik zugänglich geworden ist, die sich auf ein rein abstraktes, vielleicht »konventionelles« Identitätsprinzip gründet – eine Konvention allerdings, auf die der menschliche Verstand anscheinend nicht verzichten kann.

Hier erwähne ich dieses klassische Problem, um festzustellen, daß die durch die Quantenmechanik hervorgerufene Umwälzung seinen Status tiefgehend verändert hat. In der klassischen Wissenschaft kommt das Identitätsprinzip nicht in dem Sinne vor, daß es als physikalische Wirklichkeit postuliert würde. Es wird dort nur im Sinne einer logischen Operation verwendet, ohne daß ihm deshalb eine substanzielle Wirklichkeit unterstellt werden müßte. Ganz anders verhält es sich in der modernen Physik: Eines ihrer grundlegenden Postulate ist die *absolute* Identität zweier Atome, die sich im gleichen quantischen Zustand befinden [2]. Deshalb auch wird in der Quantentheorie den atomaren und molekularen Symmetrien ein absoluter, nicht mehr vervollkommnungsfähiger Darstellungswert zugeschrieben. Es hat daher den Anschein, als könne man das Identitätsprinzip heute nicht mehr auf den Status einer simplen Regel zur Anleitung des Geistes beschränken: Man muß annehmen, daß es eine substanzielle Wirklichkeit zumindest im Quantum zum Ausdruck bringt.

Wie dem auch sei, ein platonisches Element gibt es und wird es in der Naturwissenschaft geben, und man wird es nicht aus ihr entfernen können, ohne sie zu ruinieren. In der unendlichen Vielfalt der Erscheinungen kann die Wissenschaft nur die Invarianten suchen.

Es gab einen »platonischen« Ehrgeiz in der systematischen Erforschung der anatomischen Invarianten, der sich die großen Naturforscher des 19. Jahrhunderts nach Cuvier (und Goethe) widmeten. Vielleicht lassen die modernen Biologen dem Genius jener Männer nicht immer Gerechtig-

Die anatomischen Invarianten

---

[2] V. Weisskopf, in: Symmetry and function in biological systems at the macromolecular level, a. a. O., S. 28.

keit widerfahren, die bei den Lebewesen unter der verblüffenden Vielfalt der äußeren Gestalt und der Lebensweise, wenn nicht eine einheitliche »Form«, so doch mindestens eine begrenzte Anzahl anatomischer Pläne zu erkennen vermochten, die innerhalb der durch sie charakterisierten Klasse invariant blieben. Sicher war es nicht sehr schwierig zu erkennen, daß die Seehunde Säugetiere sind, die den Fleischfressern auf dem Lande sehr nahe stehen. Viel schwieriger war es aber, einen gemeinsamen Grundplan in der Anatomie der Manteltiere und der Wirbeltiere auszumachen, um sie in den Stamm der Chordaten einzuordnen; noch schwieriger, zwischen den Chordaten und den Stachelhäutern eine Verwandtschaft festzustellen. Es ist jedoch unzweifelhaft – und die Biochemie bestätigt das –, daß die Seeigel uns viel näher verwandt sind als einige viel höher entwickelte Klassen, wie zum Beispiel die Kopffüßler.

Dank jener ungeheuren Arbeit in der Erforschung der grundlegenden Organisationspläne wurde das Gebäude der klassischen Zoologie und Paläontologie errichtet – ein Monument, dessen Aufbau die Evolutionstheorie herausfordert und zugleich begründet.

Die Verschiedenheit der Typen blieb indessen bestehen, und man mußte wohl zugeben, daß viele völlig unterschiedliche makroskopische Aufbaupläne in der belebten Natur nebeneinander existierten. Was hatten zum Beispiel eine Blaualge, ein Infusorium, ein Tintenfisch und der Mensch miteinander gemein? Durch die Entdeckung der Zelle und die Zelltheorie wurde es möglich, eine neue Einheit unter dieser Vielfalt zu erblicken. Doch erst durch die Entwicklung der Biochemie – vornehmlich während des zweiten Viertels des 20. Jahrhunderts – zeigte sich die tiefe und unbestreitbare Einheit der gesamten belebten Welt im mikroskopischen Maßstab. Heute weiß man, daß der chemische Apparat von der Bakterie bis zum Menschen im wesentlichen der gleiche ist – in seiner Struktur wie in seiner Funktionsweise.

1. In seiner Struktur: Alle Lebewesen setzen sich ausnahmslos aus den gleichen beiden Hauptklassen von Makromolekülen zusammen – aus Proteinen und Nukleinsäuren. Darüberhinaus werden bei allen Lebewesen diese Makromoleküle aus einer begrenzten Anzahl der gleichen molekularen Bausteine gebildet: zwanzig Aminosäuren bei den Proteinen, vier Arten von Nukleotiden bei den Nukleinsäuren.

Die chemischen Invarianten

2. In seiner Funktionsweise: Die gleichen Reaktionen oder vielmehr Reaktionsfolgen werden bei allen Organismen für die wesentlichen chemischen Operationen benützt: Mobilisierung und Reservenbildung des chemischen Potentials und Biosynthese der Zellbestandteile.

Gewiß findet man zahlreiche Variationen über dieses Hauptthema des Stoffwechsels; sie entsprechen verschiedenen funktionalen Adaptationen. Sie bestehen indessen fast immer in neuen Anwendungen universeller Stoffwechselabfolgen, die zunächst für andere Funktionen verwendet wurden. So vollzieht sich zum Beispiel die Stickstoffausscheidung bei den Vögeln und den Säugetieren in unterschiedlicher Weise: Die Vögel scheiden Harnsäure, die Säugetiere Harnstoff aus. Nun ist der Syntheseweg der Harnsäure bei den Vögeln nur eine – übrigens geringfügige – Modifikation der Reaktionsfolge, die bei allen Organismen die sogenannten Purine-Nukleotidbestandteile, die in allen Nukleinsäuren vorkommen, synthetisiert. Die Harnstoffsynthese bei den Säugetieren ist eine Modifikation eines ebenfalls universellen Stoffwechselweges: Dieser erzeugt das Arginin, eine Aminosäure, die in allen Proteinen vorkommt. Die Beispiele ließen sich leicht vermehren.

Den Biologen meiner Generation fiel es zu, die Quasi-Identität der Zellchemie in der gesamten Biosphäre zu enthüllen. Seit 1950 war man sich dessen gewiß, und jede neue Veröffentlichung brachte eine Bestätigung. Die Hoffnungen der überzeugtesten »Platoniker« waren mehr als erfüllt.

Diese graduelle Enthüllung einer einheitlichen »Form« der Zellchemie schien jedoch im übrigen das Problem der reproduktiven Invarianz in seiner Paradoxie noch zu verschärfen. Wenn die Bestandteile bei allen Lebewesen chemisch die gleichen sind und auf den gleichen Wegen synthetisiert werden – wo ist dann der Ursprung ihrer erstaunlichen morphologischen und physiologischen Vielfalt? Und mehr noch: Wie kann jede Art, da sie doch die gleichen Rohstoffe und die gleichen chemischen Umwandlungen wie alle anderen Arten benützt, durch alle Generationen hindurch ihre charakteristische Strukturnorm, die sie von jeder anderen Art unterscheidet, invariant erhalten?

Wir besitzen heute die Lösung dieses Problems. Die Nukleotide stellen die logischen Analoga eines Alphabets für die universellen Bausteine, die Aminosäuren, dar, in dem die Struktur und damit die spezifischen Bindungsfunktionen der Proteine aufgezeichnet sind. In diesem Alphabet kann daher die ganze Vielfalt der Strukturen und Leistungen abgefaßt werden, die in der belebten Natur enthalten sind. Die Invarianz der Art wird dann dadurch gesichert, daß der Text, der durch die Nukleotid-Sequenz in der DNS aufgezeichnet ist, in jeder Zellgeneration unverändert reproduziert wird.

Die DNS als grundlegende Invariante

Die grundlegende biologische Invariante ist die DNS. Mendels Definition des Gens als des invarianten Trägers der Vererbungsmerkmale, die chemische Identifikation des Gens durch Avery, die durch Hershey bestätigt wurde, und die Aufhellung der strukturellen Grundlagen seiner replikativen Invarianz durch Watson und Crick stellen deshalb ohne jeden Zweifel die wichtigsten Entdeckungen dar, die jemals in der Biologie gemacht wurden. Dem ist noch die Evolutionstheorie anzufügen, die übrigens nur durch diese Entdeckungen zu ihrer vollen Bedeutung und Bestätigung gelangen konnte.

Die Struktur der DNS, die Fähigkeit dieser Struktur, eine genaue Abschrift von der für ein Gen charakteristischen Nukleotid-Sequenz zu diktieren, der chemische Apparat, der die Nukleotid-Sequenz eines DNS-Segments in die Aminosäure-Sequenz eines Proteins übersetzt – alle diese Tatsachen und Erkenntnisse sind umfassend und ausgezeichnet für Nicht-Spezialisten dargestellt worden. Hier werden sie nicht im einzelnen wiederangeführt [3]. Das folgende Schema, in dem nur das Wesentliche der beiden Prozesse der *Replikation* und der *Translation* wiedergegeben ist, wird als Grundlage für die gegenwärtige Erörterung ausreichen.

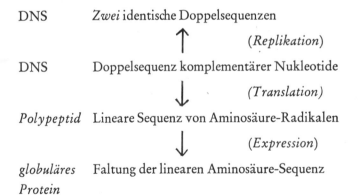

Das ist der erste Punkt, den es zu beleuchten gilt: Das

[3] Siehe Anhang II, S. 227.

»Geheimnis« der invarianten Replikation der DNS liegt in der *stereochemischen Komplementarität* des aus den beiden in dem Molekül verbundenen Strängen gebildeten *non-kovalenten* Komplexes. Man sieht also, daß das Grundprinzip der Stereospezifizität der Assoziation, durch das die diskriminativen Eigenschaften der Proteine erklärt werden, auch den Replikationseigenschaften der DNS zugrundeliegt. Doch ist bei der DNS die topologische Struktur des Komplexes viel einfacher als bei den Eiweißkomplexen, und dadurch kann die Replikationsmechanik funktionieren. Die stereochemische Struktur eines der beiden Stränge ist nämlich vollständig definiert durch die Sequenz (Reihenfolge) der sie bildenden Radikale, weil jedes der vier Radikale (aufgrund sterischer Beschränkungen) sich *individuell* nur mit *einem einzigen* der drei anderen Radikale verbinden kann. Daraus ergibt sich, daß

1. die sterische Struktur des Komplexes vollständig in zwei Dimensionen dargestellt werden kann; die eine Dimension ist begrenzt und enthält an jedem Punkt ein Paar zueinander komplementärer Nukleotide, während die andere eine potentiell unbegrenzte Folge dieser Paare enthält;

2. wenn einer (beliebig welcher) der beiden Stränge gegeben ist, die komplementäre Sequenz Stück für Stück durch aufeinanderfolgende Additionen von Nukleotiden wiederhergestellt werden kann, wobei jedes Nukleotid durch seinen sterisch dafür prädestinierten Partner »ausgewählt« wird. Auf diese Weise diktiert jeder der beiden Stränge die Struktur seines komplementären Partners und bewirkt damit eine Wiederherstellung des Gesamtkomplexes.

Die Gesamtstruktur des DNS-Moleküls ist die einfachste und die wahrscheinlichste, die ein Makromolekül annehmen kann, das durch die lineare Polymerisierung gleichartiger Radikale gebildet wird: Es ist ein Helixstrang, der durch zwei Symmetrievorgänge definiert wird – eine Verschiebung und eine Drehung. Man kann daher das DNS-Molekül wegen der Regelmäßigkeit seiner Gesamtstruktur als einen fibrillären Kristall betrachten. Berücksichtigt man jedoch seine Feinstruktur, dann muß man sagen, daß es sich um einen *aperiodischen* Kristall handelt, denn die Reihenfolge der Basenpaare wiederholt sich darin nicht. Es ist wichtig zu betonen, daß die Reihenfolge völlig »frei« ist in dem Sinne, daß ihr durch die Gesamtstruktur, die alle möglichen Sequenzen enthalten kann, keine Einschränkung auferlegt wird.

Wie man soeben gesehen hat, läßt sich die Bildung dieser Struktur gut mit der Kristallbildung vergleichen. Jedes Reihenelement in einem der beiden Stränge spielt die Rolle eines kristallinen Keimes, der die Moleküle, die sich spontan mit ihm verbinden wollen, auswählt und ausrichtet und so für das Wachstum des Kristalls sorgt. Trennt man zwei komplementäre Stränge auf künstliche Weise, dann bilden sie *spontan* den spezifischen Komplex wieder, indem jeder fast fehlerfrei unter den Tausenden oder Millionen anderer Sequenzen seinen Partner aussucht.

Das Wachstum jedes Stranges erfordert jedoch die Bildung *kovalenter* Bindungen, durch welche die Nukleotide sich untereinander kettenartig verknüpfen. Diese Bindungen können nicht spontan entstehen: Dazu bedarf es eines chemischen Potentials und eines Katalysators. Die Quelle des Potentials besteht in bestimmten Bindungen, die in den Nukleotiden selber vorhanden sind und im Verlauf der Kondensierungsreaktion gelöst werden. Diese Reaktion wird durch ein Enzym katalysiert, die DNS-Polymerase. Dieses Enzym ist »indifferent« gegenüber der Sequenz, die durch den vorgegebenen Strang festgelegt wird. Es ist übrigens bewiesen worden, daß die Kondensation von Mononukleotiden, die durch nicht-enzymatische Katalysatoren aktiviert wurden, tatsächlich durch ihre spontane Paarung mit einem vorgegebenen Polynukleotid gesteuert wird[4]. Es ist jedoch sicher, daß das Enzym, auch wenn es die Sequenz nicht beeinflußt, doch zur Genauigkeit der komplementären Kopie beiträgt, das heißt zur Genauigkeit der Informationsübertragung. Wie die Erfahrung beweist, ist das eine äußerst hohe Genauigkeit, die aber, da es sich um einen mikroskopischen Prozeß handelt, niemals absolut sein kann. Auf diesen wichtigen Punkt werden wir bald zurückkommen.

Die Übersetzung des Code

Der Vorgang der *Translation* der Nukleotid-Sequenz in eine Aminosäure-Sequenz ist in seinem Prinzip viel komplizierter als der Vorgang der *Replikation*. Wie wir soeben gesehen haben, erklärt sich dieser letztere Prozeß schließlich durch *direkte* stereospezifische Wechselwirkungen zwischen einer Polynukleotid-Sequenz, die als Matrize dient, und den Nukleotiden, die sich mit ihr verknüpfen wollen. Auch bei der Translation sind es non-kovalente stereospezifische Wechselwirkungen, die die Informationsübertragung besorgen. Doch diese Steuerungswechselwirkungen umfassen mehrere aufeinanderfolgende Etappen, in denen verschiedene Bestandteile auftreten, von denen jeder ausschließlich seinen unmittelbaren Funktionspartner erkennt. Die am Anfang dieser Kette der Informationsübertragung auftretenden Bestandteile wissen überhaupt nicht, »was am anderen Ende passiert«. Der genetische

---

[4] L. Orgel, in: ›Journal of Molecular Biology‹ 38 (1968), S. 381 bis 339.

Code ist zwar in einer stereochemischen Sprache abgefaßt, und jeder Buchstabe dieser Sprache besteht aus einer Sequenz von drei Nukleotiden in der DNS (einem Triplett); dieses Triplett legt eine unter den zwanzig Aminosäuren in der Polypeptid-Kette fest. Zwischen dem codierenden Triplett und der codierten Aminosäure besteht jedoch keine unmittelbare sterische Beziehung.

Daraus ergibt sich die sehr wichtige Folgerung, daß dieser Code, der in der gesamten belebten Natur auftritt, in dem Sinne chemisch *willkürlich* ist, als die Informationsübertragung ebensogut nach einer *anderen* Übereinkunft stattfinden könnte [5]. Man kennt übrigens Mutationen, die die Struktur bestimmter Bestandteile des Translationsmechanismus verändern, dadurch die Interpretation bestimmter Tripletts abändern und folglich (im Hinblick auf die herrschende Übereinkunft) Ablesefehler begehen, die für den Organismus sehr nachteilig sind.

Der sehr mechanische und sogar »technische« Aspekt des Übersetzungsprozesses verdient hervorgehoben zu werden. Verschiedene Bestandteile treten nacheinander auf jeder Stufe in Wechselwirkung, um ein Polypeptid hervorzubringen. Dieses wird Baustein für Baustein auf der Oberfläche eines Ribosoms zusammengefügt; dieses Teilchen ist vergleichbar mit einer Werkzeugmaschine, die ein Werkstück während der Bearbeitung immer um eine Zahnraddrehung vorrücken läßt. Das alles läßt unwiderstehlich an ein Fließband in einer Maschinenfabrik denken.

Im ganzen verleiht beim normalen Organismus diese mikroskopische Präzisionsmechanik dem Übersetzungsprozeß eine bemerkenswerte Wiedergabetreue. Fehler kommen zweifellos vor, aber so selten, daß es keine brauchbare

---

[5] Auf diesen Punkt werden wir im Kapitel VIII zurückkommen.

Statistik über ihre mittlere Normalverteilung gibt. Da der Code für die Übersetzung der DNS in Eiweißstoffe eindeutig ist, folgt daraus, daß die Nukleotid-Sequenz in einem DNS-Segment die Reihenfolge der Aminosäuren in dem entsprechenden Polypeptid vollständig festlegt. Da im übrigen – wie wir im Kapitel V gesehen haben – die Reihenfolge innerhalb des Polypeptids (unter normalen Ausgangsbedingungen) vollständig die gefaltete Struktur festlegt, die das Polypeptid annimmt, sobald es sich gebildet hat, ist die strukturelle und damit die funktionale »Interpretation« der genetischen Information eindeutig und unerschütterlich. Eine weitere Zufuhr von (anderen als genetischen) Informationen ist nicht nötig und anscheinend nicht einmal möglich, da der Mechanismus, so wie wir ihn kennen, gar keinen Platz dafür läßt. Insofern, als alle Strukturen und Leistungen der Organismen das Endergebnis der Strukturen und Wirkungen der Proteine sind, muß man den gesamten Organismus, der sich aus diesen Eiweißstoffen zusammensetzt, als den höchsten epigenetischen Ausdruck der genetischen Botschaft auffassen.

Schließlich ist noch hinzuzufügen – und dieser Punkt ist von sehr großer Bedeutung –, daß *der Mechanismus der Translation streng irreversibel* ist. Es ist weder beobachtet worden noch im übrigen vorstellbar, daß »Information« jemals in umgekehrter Richtung, das heißt: vom Protein zur DNS übertragen würde. Diese Erkenntnis beruht heute auf einer Reihe derart vollständiger und sicherer Beobachtungen, und ihre Konsequenzen insbesondere für die Evolutionstheorie sind derart bedeutsam, daß man sie als eines der Grundprinzipien der modernen Biologie betrachten muß. Daraus folgt nämlich, daß kein Mechanismus *möglich* ist, durch den die Struktur und die Leistungen eines Proteins verändert und diese Veränderungen an die

Die Irreversibilität der Übersetzung

Nachkommen weitergegeben werden können – und sei es auch nur teilweise; das ist nur möglich infolge einer Änderung der Anweisungen, die durch ein Segment der DNS-Sequenz repräsentiert werden. Umgekehrt gibt es auch keinen vorstellbaren Mechanismus, durch den irgendeine Anweisung oder Information auf die DNS übertragen werden könnte [6].

Das ganze System ist folglich total konservativ, streng in sich abgeschlossen und absolut unfähig, irgendeine Belehrung aus der Außenwelt anzunehmen. Durch seine Eigenschaften wie durch seine Funktionsweise als eine Art mikroskopischer Uhr, die zwischen DNS und Protein wie auch zwischen Organismus und Umwelt Beziehungen ausschließlich in einer Richtung herstellt, widersetzt sich dieses System jeder »dialektischen« Beschreibung. Es ist von Grund auf kartesianisch und nicht hegelianisch: Die Zelle ist sehr wohl eine *Maschine*.

Es könnte daher den Anschein haben, als müsse dieses System aufgrund seiner Struktur jeglichem Wandel, jeglicher Evolution sich widersetzen. Das ist ohne Zweifel richtig, und damit haben wir die Erklärung [7] für eine Tatsache, die in Wirklichkeit noch viel paradoxer ist als die

---

[6] Einige Kritiker der französischen Ausgabe dieses Buches (so z. B. Piaget) scheinen sich sehr gefreut zu haben, auf jüngste Beobachtungen verweisen zu können, die – wie sie glauben – diese Feststellung hinfällig machen. Sie begründeten ihre Kritik mit Temins und Baltimores Entdeckung von Enzymen, die die Transkription von RNS in DNS durchführen, d. h. die Operation der gewohnten, schon klassisch gewordenen Systeme umkehren können. Diese bedeutende Beobachtung verletzt indessen keineswegs den Grundsatz, daß die Übersetzung der Information aus der DNS (oder der RNS) in das Protein irreversibel ist. Die Autoren der Entdeckung (die sehr kompetente Molekularbiologen sind) haben natürlich eine derartige Behauptung nicht gemacht. Anm. d. Verf. bei Durchsicht der Übersetzung.

[7] Eine teilweise Erklärung siehe S. 153.

Evolution selbst, die Tatsache nämlich, daß bestimmte Arten sich mit erstaunlicher Stabilität ohne merkliche Veränderungen seit hundert Millionen Jahren reproduzieren konnten.

Die Physik lehrt uns aber, daß (außer am absoluten Nullpunkt, einer unerreichbaren Grenze) alle mikroskopischen Phänomene quantenhaften Störungen nicht entgehen können; wenn diese Störungen sich häufen, wird das makroskopische System langsam aber unfehlbar in seiner Struktur verändert.

Trotz der Perfektion des Apparates, der durch die Wiedergabetreue seiner Übersetzung die Erhaltung sichert, entgehen die Lebewesen diesem Gesetz nicht. Das Altern und der Tod der mehrzelligen Organismen erklären sich mindestens zum Teil durch die Häufung zufälliger Übersetzungsfehler; werden durch solche Fehler vornehmlich bestimmte, für die Übersetzungsgenauigkeit verantwortliche Bestandteile verändert, so nimmt die Häufigkeit dieser Fehler zu, und langsam und unausweichlich wird die Struktur dieser Organismen abgebaut [8].

Mikroskopische Störungen

Sollen nicht die Gesetze der Physik verletzt werden, dann kann auch der Mechanismus der Replikation sich nicht allen Störungen, allen Unfällen entziehen. Mindestens einige dieser Störungen ziehen mehr oder weniger diskrete Veränderungen bestimmter Sequenzelemente nach sich. Ablesungsfehler werden – von anderen Störungen abgesehen – wegen der blinden Treue des Mechanismus automatisch wieder abgeschrieben. Sie werden ebenso getreu in eine Änderung der Aminosäure-Sequenz in dem Polypep-

[8] L. E. Orgel, in: ›Proceedings of the National Academy of Sciences‹ 49 (1963), S. 517.

tid übersetzt, das dem DNS-Segment entspricht, in dem die *Mutation* auftritt. Aber erst wenn dieses teilweise neue Polypeptid sich faltet, zeigt sich die funktionale »Bedeutung« der Mutation.

Einige der methodologisch glänzendsten und bedeutsamsten Forschungen innerhalb der modernen Biologie bilden den Bereich der Molekularen Genetik (Benzer, Yanofsky, Brenner und Crick). Durch diese Untersuchungen wurde es vor allem möglich, die verschiedenen Typen verborgener zufälliger Änderungen zu analysieren, denen eine Polynukleotid-Sequenz im Doppelfaden der DNS unterliegen kann. So hat man verschiedene Mutationen festgestellt, die zurückzuführen sind auf

1. den Austausch eines Nukleotidpaares durch ein anderes;
2. die Deletion oder Addition eines oder mehrerer Nukleotidpaare;
3. verschiedene Arten von »Durcheinander«, die den genetischen Text durch die Inversion, Wiederholung, Translokation und Verschmelzung mehr oder weniger langer Sequenzabschnitte veränderten [9]. Wir sagen, diese Änderungen seien akzidentell, sie fänden zufällig statt. Und da sie die *einzige* mögliche Ursache von Änderungen des genetischen Textes darstellen, der seinerseits der *einzige* Verwahrer der Erbstrukturen des Organismus ist, so folgt daraus mit Notwendigkeit, daß *einzig* und allein der Zufall jeglicher Neuerung, jeglicher Schöpfung in der belebten Natur zugrunde liegt. Der reine Zufall, nichts als der Zufall, die absolute, blinde Freiheit als Grundlage des wunderbaren Gebäudes der Evolution – diese zentrale Erkenntnis der modernen Biologie ist heute nicht mehr nur

9 Vgl. Anhang II, S. 230.

eine unter anderen möglichen oder wenigstens denkbaren Hypothesen; sie ist die *einzig* vorstellbare, da sie allein sich mit den Beobachtungs- und Erfahrungstatsachen deckt. Und die Annahme (oder die Hoffnung), daß wir unsere Vorstellungen in diesem Punkt revidieren müßten oder auch nur könnten, ist durch nichts gerechtfertigt.

Von allen Erkenntnissen aller Wissenschaften ist es diese, die einen jeglichen anthropozentrischen Standpunkt am stärksten trifft und die für uns als stark teleonomisches Wesen gefühlsmäßig am wenigsten annehmbar ist. Es ist daher diese Erkenntnis – oder vielmehr dieses Schreckgespenst, welches die vitalistischen und animistischen Ideologien um jeden Preis vertreiben sollen. Daher ist es sehr wichtig klarzustellen, in welcher Bedeutung genau das Wort Zufall benutzt werden darf und muß, wenn es um die Mutationen als die Grundlage der Evolution geht. Der Inhalt des Begriffs Zufall ist nicht einfach, und das Wort selbst wird in sehr unterschiedlichen Situationen benutzt. Wir nehmen am besten einige Beispiele.

So verwendet man dieses Wort beim Würfelspiel oder beim Roulett, und man benutzt die Wahrscheinlichkeitsrechnung, um den Ausgang eines Spiels vorherzusagen. Doch diese rein mechanischen und *makroskopischen* Spiele sind »zufällig« nur wegen der *praktischen* Unmöglichkeit, den Wurf des Würfels oder der Kugel mit hinreichender Genauigkeit zu lenken. Selbstverständlich läßt sich eine Wurfmechanik von hoher Präzision vorstellen, durch die sich die Unbestimmtheit des Resultats zum großen Teil beseitigen läßt. Sagen wir, daß die Unbestimmtheit beim Roulett eine rein operationale, technische, nicht aber eine wesensmäßige ist. Genauso verhält es sich, wie man leicht einsehen wird, mit der Theorie zahlreicher Erscheinungen, in der man den Zufallsbegriff und die Wahrscheinlichkeits-

Operationale und essentielle Unbestimmtheit

rechnung aus rein methodologischen Gründen benutzt.

Doch in anderen Situationen nimmt der Zufallsbegriff eine nicht mehr bloß operationale, sondern eine wesensmäßige Bedeutung an. Das ist zum Beispiel dann der Fall, wenn man von »absoluter Koinzidenz« sprechen kann; ein solches unabhängiges Zusammentreffen resultiert aus der Überschneidung zweier voneinander völlig unabhängiger Kausalketten. Nehmen wir zum Beispiel an, Dr. Müller sei zu einem dringenden Besuch bei einem Neuerkrankten gerufen worden, während der Klempner Krause mit der dringenden Reparatur am Dach eines Nachbargebäudes beschäftigt ist. Während Dr. Müller unten am Hause vorbeigeht, läßt der Klempner durch Unachtsamkeit seinen Hammer fallen; die (deterministisch bestimmte) Bahn des Hammers kreuzt die des Arztes, der mit zertrümmertem Schädel stirbt. Wir sagen, er habe kein Glück gehabt [10]. Welchen anderen Ausdruck sollte man für ein solches, seiner Natur nach unvorhersehbares Ereignis verwenden? Hier muß der Zufall natürlich als ein essentieller aufgefaßt werden, der in der totalen Unabhängigkeit der beiden Ereignisreihen steckt, deren Zusammentreffen den Unfall* hervorruft.

Nun besteht aber gleichfalls vollständige Unabhängigkeit zwischen den Ereignissen, die in der *Replikation* der genetischen Botschaft einen Fehler hervorrufen können, und dessen funktionalen Auswirkungen. Der funktionale Effekt ist abhängig von der Struktur und der tatsächlichen Rolle des veränderten Proteins, von den Wechselwirkungen, die es eingeht, und von den Reaktionen, die es kataly-

---

[10] Im Originaltext ist von »chance« die Rede. – Auch im deutschen Sprachgebrauch werden – etwa beim Wettspiel – »Glück« und »Zufall« gleichzeitig durch »Chance« ausgedrückt. Anm. d. Übers.

* Das französische »accident« bezeichnet sowohl einen Unfall wie auch den Zufall! Anm. d. Übers.

siert. Das sind alles Dinge, die mit dem Mutationsvorfall selbst wie auch mit seinen unmittelbaren oder ferneren Ursachen nichts zu tun haben – seien dies im übrigen nun deterministische »Ursachen« oder nicht.

Auf mikroskopischer Ebene gibt es schließlich eine noch entscheidendere Ursache der Unbestimmtheit, die in der Quantenstruktur der Materie selber wurzelt. Eine Mutation ist nun an sich ein mikroskopisches, quantenhaftes Ereignis, auf das daher die Unbestimmtheitsrelation (nach Heisenberg) anzuwenden ist. Ein solches Ereignis ist also seiner ganzen Natur nach *wesensmäßig* unvorhersehbar.

Wie bekannt, wurde die Unbestimmtheitsrelation von einigen der bedeutendsten modernen Physiker nie völlig akzeptiert – um bei Einstein zu beginnen, der von sich sagte, er könne nicht annehmen, daß »Gott würfelt«. Einige Schulen haben in der Unbestimmtheitsrelation nur einen rein operationalen, nicht jedoch einen substanziellen Begriff sehen wollen. Alle Bemühungen, die Quantentheorie durch die Entdeckung einer »feineren« Struktur zu ersetzen, aus der die Unbestimmtheit verschwunden wäre, haben jedoch mit einem Mißerfolg geendet. Sehr wenige Physiker scheinen heute zu der Annahme zu neigen, die Unbestimmtheitsrelation könne jemals aus ihrem Fach verschwinden.

Wie dem auch sei – und sollte selbst eines Tages das Unbestimmtheitsprinzip aufgegeben werden, es muß betont werden, daß sich trotzdem zwischen der – wenn auch noch so totalen – Determiniertheit einer Mutation in der DNS-Sequenz und der Determiniertheit ihrer funktionalen Auswirkungen auf der Ebene der Proteinwechselwirkungen nicht mehr als eine »absolute Koinzidenz« feststellen ließe – in dem oben durch das Beispiel vom Klempner und vom Doktor definierten Sinne. Das Ereignis bliebe folglich im Bereich des »notwendigen« Zufalls – ausgenommen selbstverständlich, daß wir zu dem Universum von Laplace zurückkehren, aus dem der Zufall durch Definition ausgeschlossen ist und wo der Doktor schon von jeher unter dem Hammer des Klempners sterben sollte.

Man erinnert sich, daß Bergson in der Evolution den Ausdruck einer schöpferischen Kraft erblickte, die er in dem Sinne für *absolut,* für unumschränkt ansah, als sie auf kein anderes Ziel gerichtet sein sollte als auf die Schöpfung an sich und für sich. Darin unterscheidet er sich radikal von den Animisten (handle es sich um Engels, Teilhard oder so optimistische Positivisten wie Spencer), die alle in der Evolution den majestätischen Ablauf eines Programms entdeckten, das im Grundmuster der Welt vorgezeichnet war. Für sie ist deshalb die Evolution nicht wirklich Schöpfung, sondern lediglich »Offenbarung« der bisher unausgesprochenen Absichten der Natur. Daher die Tendenz, in der embryonalen Entwicklung in gleicher Weise wie in der Evolution ein »Hervortreten«* zu sehen. Der Begriff der »Offenbarung« oder »Enthüllung« läßt sich der modernen Theorie zufolge wohl auf die epigenetische Entwicklung anwenden, aber selbstverständlich nicht auf das durch die Evolution Zutagetretende, das seinen Ursprung im wesentlich Unvorhersehbaren nimmt und gerade deshalb etwas *uneingeschränkt* Neues darstellt. Ist es noch ein reiner Zufall, wenn die Wege der Bergsonschen Metaphysik mit den Wegen der Wissenschaft so offenbar zusammenlaufen? Vielleicht nicht; als Künstler und Dichter mußte Bergson, der übrigens sehr gut über die Naturerkenntnisse seiner Zeit unterrichtet war, für den verblüffenden Reichtum der belebten Natur und für die erstaunliche Vielfalt der For-

Die Evolution: eine absolute Schöpfung und keine Offenbarung

---

* Der französische Ausdruck »émergence« wird an anderer Stelle auch mit »Zutagetreten« und »Auftauchen« übersetzt. Anm. d. Übers.

men und Verhaltensweisen empfänglich sein, die sich in ihr entfalten und die in der Tat fast unmittelbar eine von jeglicher Einschränkung freie, unaufhörlich verschwenderische Schöpfung zu beweisen scheinen.

Aber wo Bergson den deutlichsten Beweis sah, daß die Evolution das »Prinzip des Lebens« sei, erkennt die moderne Biologie dagegen, daß alle Eigenschaften der Lebewesen auf einem grundlegenden Mechanismus der *molekularen Erhaltung* beruhen. Für die moderne Theorie *ist die Evolution keineswegs eine Eigenschaft der Lebewesen*, da sie ihre Ursache gerade in den *Unvollkommenheiten* des Erhaltungsmechanismus hat, der allerdings ihren einzigen Vorzug darstellt. Man muß daher sagen, daß die gleiche Störungsquelle, die bei einem unbelebten, das heißt nichtreplikativen System langsam die ganze Struktur vernichten würde, in der belebten Natur am Beginn der Evolution steht und deren totale schöpferische Freiheit ermöglicht – freilich dank jener Bewahrerin des Zufalls, die gegen jede Störung unempfindlich ist – der replikationsfähigen DNS-Struktur.

Kapitel VII
Evolution

Der Weg der Evolution wird den Lebewesen, diesen äußerst konservativen Systemen, durch elementare Ereignisse mikroskopischer Art eröffnet, die zufällig und ohne jede Beziehung zu den Auswirkungen sind, die sie in der teleonomischen Funktionsweise auslösen können.

Ist der einzelne und als solcher wesentlich unvorhersehbare Vorfall aber einmal in die DNS-Struktur eingetragen, dann wird er mechanisch getreu verdoppelt und übersetzt; er wird zugleich vervielfältigt und auf Millionen oder Milliarden Exemplare übertragen. Der Herrschaft des bloßen Zufalls entzogen, tritt er unter die Herrschaft der Notwendigkeit, der unerschütterlichen Gewißheit. Denn die Selektion arbeitet auf der makroskopischen Ebene der Organismen.

Zufall und Notwendigkeit

So mancher ausgezeichnete Geist scheint auch heute noch nicht akzeptieren oder auch nur begreifen zu können, daß allein die Selektion aus störenden Geräuschen das ganze Konzert der belebten Natur hervorgebracht haben könnte. Die Selektion arbeitet nämlich *an* den Produkten des Zufalls, da sie sich aus keiner anderen Quelle speisen kann. Ihr Wirkungsfeld ist ein Bereich strenger Erfordernisse, aus dem jeder Zufall verbannt ist. Ihre meist aufsteigende Richtung, ihre sukzessiven Eroberungen und die geordnete

Entfaltung, die sie widerzuspiegeln scheint, hat die Selektion jenen Erfordernissen und nicht dem Zufall abgewonnen.

Nach Darwin neigten übrigens manche Anhänger der Evolutionstheorie dazu, eine zu sehr vereinfachte und naiv grausame Vorstellung zu verbreiten, daß nämlich die natürliche Auslese ein reiner »Kampf ums Dasein« sei. Dieser Ausdruck stammt – nebenbei gesagt – nicht von Darwin, sondern von Spencer. Die Neodarwinisten vom Anfang unseres Jahrhunderts haben dagegen eine viel gehaltvollere Konzeption vorgebracht und gezeigt – und zwar auf grund quantitativer Aussagen –, daß innerhalb einer Art nicht der »Kampf ums Dasein«, sondern die unterschiedliche Vermehrungsrate der entscheidende Auslesefaktor ist.

Die Ergebnisse der modernen Biologie ermöglichen eine Aufhellung und weitergehende Präzisierung des Selektionsbegriffs. Besonders von den Möglichkeiten, von der Komplexität und der Kohärenz des intrazellulären Steuerungsnetzes selbst bei den einfachsten Organismen besitzen wir heute eine so deutliche, früher unbekannte Vorstellung, daß wir viel besser als vorher verstehen können, daß jede in Gestalt einer Änderung der Proteinstruktur auftretende »Neuerung« zunächst daraufhin getestet wird, ob sie mit dem Gesamtsystem des Organismus vereinbar ist; dieses Gesamtsystem wird schon durch unzählige Steuerungsmechanismen zusammengehalten, die dafür sorgen, daß der Plan des Organismus ausgeführt wird. Angenommen werden daher allein jene Mutationen, die den teleonomischen Apparat in seiner schon eingeschlagenen Orientierung zumindest nicht schwächen, sondern vielmehr stärken oder gar – was sicher viel seltener vorkommt – mit neuen Möglichkeiten bereichern.

Wie der teleonomische Apparat funktioniert, wenn eine

Mutation zum erstenmal zum Tragen kommt, das ist die hauptsächliche *Ausgangsbedingung* dafür, ob der aus dem Zufall geborene Versuch zeitweilig oder endgültig angenommen oder verworfen wird. Die Selektion erfolgt nach der Beurteilung der teleonomischen Leistung, die ein Gesamtausdruck aller Eigenschaften des Netzes von Aufbau- und Regelungswechselwirkungen ist. Deshalb hat es den Anschein, als führe die Evolution ein »Projekt« aus – das Projekt, einen uralten »Traum« fortzusetzen und auszuarbeiten.

Eine Mutation ist für sich betrachtet ein sehr seltenes Ereignis – wegen der Vollkommenheit, mit der sich der Replikationsmechanismus erhält. Die einzigen Organismen, für die wir über diesen Punkt zahlreiche und genaue Ergebnisse haben, sind die Bakterien. Die Wahrscheinlichkeit, daß dort ein gegebenes Gen eine Mutation erfährt, die bei dem entsprechenden Protein eine deutliche Änderung seiner Funktionseigenschaften hervorruft, läßt sich mit 10^{-6} bis 10^{-8} pro Zellgeneration annehmen. Aber in wenigen Milliliter Wasser kann sich eine Population von mehreren Milliarden Zellen entwickeln. Man hat daher die Gewißheit, daß in einer solchen Population jede gegebene Mutation in 10, 100 oder 1 000 Exemplaren vorhanden ist. Es läßt sich ebenfalls abschätzen, daß die verschiedenen Arten von Mutanten in dieser Population in einer Gesamtzahl von 10^5 bis 10^6 vorkommen.

Die Unermeßlichkeit des Zufalls

Daher ist die Mutation für die gesamte Population keineswegs eine Ausnahmeerscheinung: Sie ist die Regel. Der Selektionsdruck wirkt nun im Rahmen der Population, nicht aber auf das einzelne Individuum. Freilich erreichen die höheren Organismen mit ihren Populationen nicht die gleichen Größenordnungen wie die Bakterien, aber

1. enthält das Genom eines höheren Lebewesens, eines

Säugetieres zum Beispiel, tausendmal mehr Gene als das Genom einer Bakterie;

2. ist die Anzahl der *Zell*generationen und damit der Mutationschancen in der Keimbahn von Eizelle zu Eizelle oder von Samenzelle zu Samenzelle sehr groß.

Dadurch erklären sich vielleicht gewisse Mutationsraten, die beim Menschen relativ hoch erscheinen; für eine bestimmte Anzahl von Mutationen, die leicht feststellbare Erbkrankheiten hervorrufen, liegt die Rate beispielsweise bei 10^{-4} bis 10^{-5}. Es ist noch festzuhalten, daß bei den hier vorgetragenen Zahlen die individuell nicht feststellbaren Mutationen nicht berücksichtigt sind, die durch geschlechtliche Rekombination empfindliche Auswirkungen haben können. Es ist wahrscheinlich, daß derartige Mutationen in der Evolution bedeutsamer waren als jene, deren individuelle Folgen stärker hervortreten.

Im ganzen kann man schätzen, daß sich in der gegenwärtigen menschlichen Bevölkerung (3×10^9) bei jeder Generation einige hundert bis tausend Milliarden Mutationen vollziehen. Ich nenne diese Zahl nur, um eine Vorstellung vom Ausmaß des ungeheuren Vorrats an zufälliger Veränderlichkeit zu geben, der – wiederum trotz des eifersüchtig nach Erhaltung strebenden Replikationsmechanismus – im Genom einer Art steckt.

Bedenkt man die Dimensionen dieser gewaltigen Lotterie und die Schnelligkeit, mit der die Natur darin spielt, dann ist das schwer Erklärbare, wenn nicht beinahe Paradoxe nicht mehr die Evolution, sondern im Gegenteil die Beständigkeit der »Formen« in der belebten Natur. Es ist bekannt, daß die den Hauptstämmen des Tierreichs entsprechenden Organisationspläne seit Ende des Kambriums, also seit 500 Millionen Jahren, ausgebildet waren. Man weiß ebenso, daß gewisse Arten sogar seit Hunderten von

Das »Paradoxon« der Stabilität der Arten

Jahrmillionen sich nicht merklich entwickelt haben – so zum Beispiel der Langfisch seit 450 Millionen Jahren. Und was die Auster von vor 150 Millionen Jahren betrifft, so hatte sie das gleiche Aussehen und zweifellos den gleichen Geschmack wie jene, die man heute in den Restaurants serviert [1]. Schließlich läßt sich abschätzen, daß die »moderne« Zelle, die durch ihren invarianten chemischen Organisationsplan (vor allem durch die Struktur des genetischen Code und den komplizierten Translationsmechanismus) gekennzeichnet ist, seit zwei oder drei Milliarden Jahren existiert und sicher schon damals mit mächtigen molekularen Steuerungsnetzen versehen war, die ihren Funktionszusammenhang herstellten.

Die ungewöhnliche Stabilität bestimmter Arten, die Milliarden von Jahren andauernde Evolution und die Invarianz des grundlegenden chemischen »Plans« der Zelle lassen sich offenbar nur durch die äußerst starke Kohärenz des teleonomischen Systems erklären, das wohl in der Evolution zugleich eine Führer- und eine Bremserfunktion ausgeübt und von den Chancen, die ihm das Roulett der Natur in astronomischer Anzahl bot, nur einen verschwindenden Bruchteil festgehalten, weiterentwickelt und integriert hat.

Was das Replikationssystem betrifft, so ist es weit davon entfernt, die mikroskopischen Störungen beseitigen zu können, deren Objekt es unvermeidlich ist; es kann sie nur aufzeichnen und – fast immer vergeblich – an die teleonomische Filterung weitergeben, deren Leistungen letzten Endes dem Urteil der Selektion unterliegen.

---

[1] Simpson, The Meaning of Evolution. Yale University Press 1967.

Eine einfache, punktuelle Mutation – wie etwa der Ersatz eines Codebuchstaben in der DNS durch einen anderen – ist umkehrbar. Das wird durch die Theorie vorausgesagt und durch das Experiment bewiesen. Jede merkliche Evolution – etwa die Ausbildung zweier Arten, auch wenn sie sehr eng verwandt sind – setzt jedoch eine große Anzahl unabhängig voneinander erfolgender Mutationen voraus, die nach und nach in der ursprünglichen Art sich häufen und dann – immer noch zufällig – durch den mit der Geschlechtlichkeit entstandenen »genetischen Gezeitenstrom« rekombiniert werden. Wegen der Fülle der unabhängigen Ereignisse, aus denen sie hervorgeht, ist eine solche Erscheinung statistisch irreversibel.

Die Irreversibilität der Evolution und der Zweite Hauptsatz

Die Evolution in der belebten Natur ist also ein notwendig unumkehrbarer Prozeß, durch den *eine Richtung in der Zeit festgelegt* wird; die Richtung ist *die gleiche*, wie sie durch das Gesetz der zunehmenden Entropie, das heißt: durch den Zweiten Hauptsatz der Thermodynamik, vorgeschrieben wird. Das ist viel mehr als ein bloßer Vergleich. Der Zweite Hauptsatz und die Irreversibilität der Evolution beruhen auf *gleichartigen* statistischen Überlegungen. Es ist in der Tat *berechtigt, die Irreversibilität der Evolution als Ausdruck des Zweiten Hauptsatzes in der belebten Natur zu betrachten.* Der Zweite Hauptsatz formuliert nur eine statistische Voraussage und schließt damit selbstverständlich nicht aus, daß ein beliebiges makroskopisches System in einer Veränderung von sehr geringer Reichweite und für eine sehr kurze Zeitdauer den Abhang der Entropie wieder hinabsteigen, d. h. irgendwie in der Zeit zurückgehen kann. Bei den Lebewesen sind es gerade jene wenigen und flüchtigen Veränderungen, die, nachdem der Replikationsmechanismus sie eingefangen und reproduziert hatte, durch die Auslese festgehalten worden sind.

Die selektive Evolution ist in der Auswahl jener seltenen, kostbaren Störungen begründet, die unter einer Unzahl anderer gleichfalls in dem riesigen Vorrat des mikroskopischen Zufalls enthalten sind; sie stellt in diesem Sinne eine Art Maschine dar, mit der man in der Zeit zurückgehen kann.

Dieser Mechanismus der Zeitumkehr brachte als Ergebnis die allgemeine aufsteigende Tendenz der Evolution und die Vervollkommnung und Bereicherung des teleonomischen Apparates hervor. Es ist nicht erstaunlich, sondern im Gegenteil ganz natürlich, daß dies einigen als wundersam, anderen als paradox vorkam und daß manche Denker, Philosophen und sogar Biologen die moderne, »darwinistisch-molekulare« Evolutionstheorie heute noch mit Mißtrauen betrachten.

Das kommt mindestens zum Teil von der ungeheuren Schwierigkeit, sich den unerschöpflichen Reichtum der Zufallsquelle vorzustellen, aus der die Selektion schöpft. Dafür gibt es jedoch eine hervorragende Illustration in dem Verteidigungssystem des Organismus durch die Antikörper. Die Antikörper sind Eiweißstoffe, die mit der Eigenschaft ausgestattet sind, in den Organismus eingedrungene »fremde« Substanzen – z. B. Bakterien oder Viren – durch stereospezifische Komplexbildung zu erkennen. Der Antikörper, der eine gegebene Substanz, zum Beispiel das für eine bestimmte Bakterienart eigentümliche »sterische Muster« elektiv erkennt, tritt jedoch – wie jedermann weiß – im Organismus erst auf (um dort für eine gewisse Zeit zu bleiben), nachdem dieser mit der Substanz wenigstens einmal »seine Erfahrungen« gemacht hat (durch natürliche oder künstliche Impfung). Man hat im übrigen gezeigt, daß der Organismus fähig ist, Antikörper zu bilden, die praktisch jedem beliebigen natürlichen oder synthetischen sterischen

Die Herkunft der Antikörper

Erscheinungsbild angepaßt sind. Die Möglichkeiten in dieser Hinsicht scheinen praktisch unbegrenzt zu sein.

Man hat daher lange Zeit angenommen, die Informationsquelle für die Synthese der spezifischen assoziativen Struktur des Antikörpers sei das Antigen selbst. Nun ist heute bewiesen, daß die Struktur des Antikörpers sich nicht aus dem Antigen ableitet; spezialisierte, in großer Zahl erzeugte Zellen innerhalb des Organismus besitzen die einzigartige Eigenschaft, mit einem genau festgelegten Teil der genetischen Segmente, durch welche die Struktur der Antikörper bestimmt wird, »Roulett zu spielen«. Die genaue Funktionsweise dieses spezialisierten, überschnellen genetischen Rouletts ist noch nicht vollständig aufgeklärt; es ist jedoch wahrscheinlich, daß dabei sowohl Rekombinations- wie auch Mutationsvorgänge im Spiel sind; die einen wie die anderen entstehen auf jeden Fall zufällig, ohne von der Struktur des Antigens irgend etwas zu wissen. Das Antigen betreibt dagegen eine Selektion und fördert bevorzugt die Vermehrung jener Zellen, die einen Antikörper produzieren, der es (das Antigen) erkennen kann.

Dies ist eine der exaktesten molekularen Adaptationen, die man kennt, und es ist doch sehr bemerkenswert, daß ihr eine Zufallsursache zugrunde liegt. Aber im nachhinein ist es klar, daß allein eine solche Zufallsquelle dem Organismus ausreichende Mittel bieten konnte, sich gewissermaßen »rundum« zu verteidigen.

Das Verhalten als Selektionsfaktor

Eine weitere Schwierigkeit für die Selektionstheorie rührt daher, daß ihr zu oft angelastet worden ist, sie mache allein Bedingungen der *Umwelt* als Auslesefaktoren verantwortlich. Dabei ist das eine ganz und gar irrtümliche Vorstellung. Denn der Selektionsdruck, den die äußeren Bedingungen auf den Organismus ausüben, ist auf keinen Fall unabhängig von den teleonomischen Leistungen, durch die eine Art sich auszeichnet. Verschiedene Organismen, die in der gleichen Umwelt leben, treten mit den äußeren Bedingungen in sehr unterschiedliche spezifische Wechselwirkungen, darunter auch mit den anderen Organismen. Art und Richtung des Selektionsdrucks, den ein Organismus erfährt, werden durch diese spezifischen Wechselwirkungen bestimmt, die der Organismus zum Teil selber »wählt«. Eine neue Mutation stößt auf »Ausgangsbedingungen« der Selektion, die gleichzeitig und unauflöslich die äußere Umwelt und die Gesamtheit der Strukturen und Leistungen des teleonomischen Apparats umfassen.

Es ist klar, daß die Selektionsrichtung immer stärker durch die teleonomischen Leistungen bestimmt wird, wenn das Organisationsniveau und damit die *Autonomie* des Organismus gegenüber seiner Umgebung steigt. Das geht so weit, daß die teleonomischen Leistungen bei den höheren Lebewesen sicher entscheidend die Selektionsrichtung bestimmen; ihr Überleben und ihre Reproduktion sind vor allem von ihrem eigenen Verhalten abhängig.

Darüberhinaus ist es einleuchtend, daß die Grundentscheidung für diesen oder jenen Verhaltenstypus einen sehr weitreichenden Einfluß ausübt, der über die Art, bei der sich dieses Verhalten zum erstenmal ansatzweise äußert, hinausreicht und sich auf ihre gesamte Nachkommenschaft erstreckt, selbst wenn diese eine ganze Klasse bildet. Wie man weiß, sind die großen Schöpfungen der Evolution auf die Eroberung neuer ökologischer Räume zurückzuführen. Das Auftreten der vierfüßigen Wirbeltiere und ihre erstaunliche Entfaltung in den Amphibien, Reptilien, Vögeln und Säugetieren geht darauf zurück, daß ein Urfisch sich »entschieden« hatte, das Land zu erforschen, auf dem er sich jedoch nur durch unbeholfene Sprünge fortbewegen konnte. Im Gefolge dieser Verhaltensänderung schuf er den Selektionsdruck, durch den sich dann die starken Gliedmaßen der Vierfüßler entwickeln sollten. Unter den Nachkommen dieses »kühnen Forschers«, dieses Magellan der Evolution, können einige mit einer Geschwindigkeit von mehr als 70 Kilometern in der Stunde laufen, andere klettern mit einer verblüffenden Gewandtheit auf den Bäumen, andere haben schließlich die Luft erobert und damit den »Traum« des Urfisches verwirklicht.

In der Evolution bestimmter Klassen beobachtet man eine durch Jahrmillionen ununterbrochene allgemeine Tendenz zu einer anscheinend gerichteten Entwicklung bestimmter Organe. Diese Tatsache bezeugt, daß die Art mit der Grundentscheidung für einen bestimmten Verhaltenstypus (etwa gegenüber dem Angriff eines Verfolgers) den Weg einer beständigen Vervollkommnung jener Strukturen und Leistungen einschlägt, die dieses Verhalten fördern. Weil die Vorfahren des Pferdes sich frühzeitig entschlossen haben, in der Ebene zu leben und bei der Annäherung eines Verfolgers zu fliehen (statt zu versuchen, sich zu verteidigen oder zu verstecken, läuft die heutige Art – nach einer langen Entwicklung, die zahlreiche Rückbildungsstufen umfaßt – auf der Spitze eines einzigen Fingers.

Es ist bekannt, daß bestimmte, sehr zweckmäßige und komplexe Verhaltensweisen wie das Werbungsverhalten der Vögel sehr eng an bestimmte, besonders hervorstechende morphologische Merkmale gekoppelt sind. Es ist sicher, daß dieses Verhalten und das anatomische Merkmal, auf dem es beruht, sich gemeinsam entwickelt haben, wobei das eine unter dem Druck der geschlechtlichen Auslese das andere herausgefordert und verstärkt hat. Sobald sich bei einer Art ein mit dem Paarungserfolg verbundener Schmuck zu entwickeln beginnt, verstärkt er nur den ursprünglichen Selektionsdruck und begünstigt damit die Vervollkommnung dieses Schmuckes. Man kann daher zurecht feststellen, daß der Sexualinstinkt, das heißt letztlich die *Begierde*, die Bedingungen für die Auslese so mancher herrlicher Gefieder schuf [2].

Lamarck war der Ansicht, daß die Anspannung bei den Bemühungen, die ein Tier entwickelt, um »im Leben Erfolg zu haben«, gewissermaßen auf sein Erbgut zurückwirkt, sich ihm eingliedert und unmittelbar die Nachkommenschaft formt. Der ungeheure Hals der Giraffe sollte den konstanten Willen ihrer Vorfahren, die höchsten Zweige der Bäume zu erreichen, zum Ausdruck bringen. Diese Hypothese ist heute natürlich unannehmbar, aber man erkennt, daß allein die Selektion, dadurch daß sie auf die Elemente des Verhaltens wirkt, zu dem Ergebnis führt, das Lamarck erklären wollte: zu der engen Koppelung zwischen den anatomischen Adaptationen und den spezifischen Leistungen.

Die Frage des Selektionsdruckes, der die Evolution des Menschen gelenkt hat, muß man in diesem Sinne auffassen. Diese Frage ist von außergewöhnlichem Interesse – selbst wenn wir davon absehen, daß es sich dabei um uns selber handelt und daß wir zu einem besseren Verständnis der heutigen menschlichen Natur gelangen könnten, wenn wir die Wurzeln unseres Wesens in der Evolution festzustellen suchen. Denn ein unparteiischer Beobachter – zum Beispiel ein Marsbewohner – müßte mit Sicherheit erkennen, daß

---

[2] Vgl. N. Tinbergen, Social Behavior in Animals. London (Methuen) 1953.

die Entwicklung der spezifisch menschlichen Leistung – die in der belebten Natur ein einzigartiges Ereignis darstellt –, daß die Entwicklung der Symbolsprache den Weg zu einer *anderen* Evolution öffnete, die ein neues Reich entstehen ließ: das Reich der Kultur, der Ideen, der Erkenntnis.

Die Sprache und die Evolution des Menschen

Was das einzigartige Ereignis angeht, so heben die modernen Linguisten hervor, daß die Symbolsprache des Menschen auf die sehr verschiedenartigen, von den Tieren verwendeten (akustischen, taktilen, visuellen oder anderen) Kommunikationsmittel absolut nicht zurückzuführen sei. Diese Meinung ist zweifellos begründet, doch scheint es mir ein weiter Schritt bis zu der Behauptung, in der Evolution bestehe eine uneingeschränkte Diskontinuität und die menschliche Sprache habe *von Anfang an* überhaupt nichts zu tun gehabt mit einem System verschiedener Lockrufe und Warnschreie, wie es zum Beispiel die großen Affen verwenden. Diese Hypothese ist auf jeden Fall nutzlos.

Das Gehirn der Tiere ist ohne jeden Zweifel fähig, Informationen nicht nur zu registrieren, sondern auch miteinander zu verknüpfen, sie umzuwandeln und das Ergebnis dieser Operationen in Gestalt einer Einzelleistung wiederzugeben, nicht aber – und darauf kommt es eben an – in einer Form, die es gestattete, einem anderen Individuum eine eigene, originale Verknüpfung oder Umwandlung mitzuteilen. Das ermöglicht dagegen die menschliche Sprache; sie kann man *per definitionem* als an dem Tag geboren ansehen, wo die bei einem Individuum realisierten schöpferischen Kombinationen oder *neuen* Assoziationen an andere weitergegeben wurden und nicht mehr mit ihm untergehen konnten.

Wir kennen keine primitiven Sprachen; heute steht das symbolische Instrumentarium bei allen Völkern unserer einzigartigen Gattung deutlich auf dem gleichen Niveau der Komplexität und des Kommunikationsvermögens. Nach Chomsky haben im übrigen alle menschlichen Sprachen die gleiche Grundstruktur, die gleiche »Form«. Die außerordentlichen Leistungen, welche die Sprache zugleich darstellt und ermöglicht, sind offensichtlich mit der bemerkenswerten Entwicklung des Zentralnervensystems beim *homo sapiens* verknüpft. Diese Entwicklung ist übrigens sein stärkstes anatomisches Unterscheidungsmerkmal.

Es läßt sich heute feststellen, daß die Evolution des Menschen seit seinen entferntesten bekannten Vorfahren sich vor allem auf die zunehmende Vergrößerung seines Schädels und damit des Gehirns erstreckt hat. Dazu war ein fortgesetzter, seit mehr als zwei Millionen Jahren ununterbrochener gerichteter Selektionsdruck nötig; ein ganz *beträchtlicher* Selektionsdruck, denn diese Entwicklung war von relativ kurzer Dauer, und ein *spezifischer* Selektionsdruck, denn in keiner anderen Abstammungslinie läßt sich etwas Ähnliches beobachten: Der Schädelinhalt der heute anzutreffenden Menschenaffen ist kaum größer als der ihrer Vorfahren von vor einigen Millionen Jahren.

Man kommt unmöglich um die Annahme herum, daß zwischen der bevorzugten Entwicklung des Zentralnervensystems und der Evolution der den Menschen auszeichnenden einzigartigen Leistung eine sehr enge Koppelung bestanden hat, welche die Sprache nicht nur zum Produkt, sondern zu einer der Ausgangsbedingungen dieser Evolution werden ließ.

Die für mich wahrscheinlichste Hypothese ist, daß die sehr bruchstückhafte symbolische Verständigung, die sehr früh in unserer Abstammungsgeschichte auftrat, so radikal neue Möglichkeiten eröffnete, daß sie zu einer jener Grund- »entscheidungen« wurde, die durch die Schaffung eines neuen Selektionsdruckes die Zukunft der Art festlegen; diese Selektion mußte die Entwicklung der Sprachleistung und damit die Entwicklung des ihr dienenden Organs, des Gehirns, begünstigen. Für diese Hypothese gibt es – glaube ich – hinreichend starke Argumente.

Der früheste heute bekannte echte Hominide (der Australopithecus, für den Leroi-Gourhan die Bezeichnung »Australanthropus« zu Recht vorzieht) besaß schon – was ihn übrigens definiert – die Merkmale, die ihn von seinen engsten Vettern, den Pongiden oder Menschenaffen, unterscheiden. Der Australanthropus hatte den aufrechten Gang angenommen, der nicht nur mit einer Spezialisierung des Fußes, sondern mit zahlreichen Veränderungen des Skeletts und der Muskulatur verbunden ist, insbesondere der Wirbelsäule und der Stellung des Schädels zu ihr. Oft hat man die Bedeutung hervorgehoben, die für die Evolution des Menschen die Befreiung von dem Zwang gehabt haben muß, sich auf vier Pfoten fortzubewegen, wie es für alle Anthropoiden – jedoch unter Ausnahme des Gibbons – üblich ist. Kein Zweifel, daß diese sehr frühe, vor das Auftreten des Australanthropus zurückgehende »Erfindung« von größter Bedeutung war: Allein sie erlaubte unseren Vorfahren, Jäger mit der Fähigkeit zu werden, die vorderen Gliedmaßen zu benutzen, ohne im Lauf innezuhalten.

Der Schädelinhalt dieser ersten Hominiden war jedoch kaum größer als der eines Schimpansen und ein wenig kleiner als der eines Gorillas. Das Gewicht des Gehirns ist zwar gewiß seinen Leistungen nicht proportional, doch setzt es ihnen zweifellos eine Grenze; der *homo sapiens* konnte sicher nur dank der Entwicklung seines Schädels hervortreten.

Wie dem auch sei – es steht fest, daß das Gehirn des Sinjanthropus, wenn es auch weniger wog als das des Gorillas, doch zu Leistungen fähig war, die den Pongiden unbekannt sind: Der Sinjanthropus hatte nämlich eine »Industrie«, die freilich derart primitiv war, daß seine »Werkzeuge« als Artefakte nur daran erkennbar sind, daß die gleichen groben Strukturen sich wiederholen und daß sie in Gruppierungen um manche fossilen Skelette herum gefunden wurden. Die großen Affen benutzen natürliche »Werkzeuge«, Steine oder Äste, wenn sich die Gelegenheit dazu ergibt, doch erzeugen sie nichts den Artefakten Vergleichbares, also etwas das nach einer erkennbaren *Norm* gestaltet ist. So muß der Sinjanthropus als ein sehr primitiver *homo faber* aufgefaßt werden. Es ist nun sehr wahrscheinlich, daß zwischen der Entwicklung der Sprache und der Entwicklung einer Industrie, die von einer geplanten, disziplinierten Tätigkeit zeugt, eine sehr enge Korrelation bestanden hat [3]. Daher erscheint die Annahme gerechtfertigt, daß der Australanthropus ein Werkzeug zu symbolischer Verständigung besaß, das der rudimentären Entwicklung seiner Industrie entsprach. Wenn es darüber hinaus stimmt – wie Dart glaubt [4] –, daß die Australanthropiden unter anderen Tieren so starke und gefährliche Bestien wie das Rhinozeros, das Flußpferd und den Panther mit Erfolg jagten, dann mußte eine solche Leistung im voraus unter einer Gruppe von Jägern abgesprochen worden sein. Die vorausgehende Formulierung eines derartigen Planes machte aber die Benutzung einer Sprache erforderlich.

Dieser Hypothese steht die geringe Entwicklung des Gehirnvolumens des Australanthropus entgegen. Doch schei-

---

[3] Leroi-Gourhan, Le Geste et la Parole. Paris (Albin-Michel) 1964; R. L. Holloway, in: ›Current Anthropology‹ 10 (1969), S. 395; J. Bronowsky, in: To honor Roman Jakobson. Paris (Mouton) 1967, S. 374.
[4] Nach Leroi-Gourhan, a. a. O.

nen neuere Experimente mit einem jungen Schimpansen zu beweisen, daß die Affen, wenn sie auch unfähig sind, die gesprochene Sprache zu erlernen, doch einige Elemente der Symbolsprache der Taubstummen aufnehmen und benützen können [5]. Man darf daher annehmen, daß der Erwerb der symbolischen Ausdrucksfähigkeit zur Voraussetzung hatte, daß bei einem Tier, das in diesem Stadium nicht intelligenter war als ein heutiger Schimpanse, neuromotorische Veränderungen eintraten, die nicht notwendig besonders komplex sein mußten.

War dieser Schritt aber einmal getan, dann ist es klar, daß der Gebrauch einer wenn auch sehr primitiven Sprache den Überlebenswert der Intelligenz in beträchtlichem Umfang steigern mußte und damit unvermeidlich einen mächtigen, gerichteten Selektionsdruck zugunsten der Gehirnentwicklung schuf, wie ihn eine sprachlose Gattung niemals erfahren konnte. Sobald ein System symbolischer Verständigung bestand, gewannen die für seinen Gebrauch am besten ausgestatteten Individuen oder vielmehr Gruppen einen Vorteil gegenüber den anderen; dieser Vorteil war unvergleichlich viel größer als derjenige, den die Individuen einer sprachlosen Art durch eine entsprechende Überlegenheit der Intelligenz hätten gewinnen können. Man erkennt ebenfalls, daß der durch die Verwendung einer Sprache entstehende Selektionsdruck die Evolution des Zentralnervensystems besonders in Richtung eines bestimmten Intelligenztypus fördern mußte, der diese einmalige, ungeheure Möglichkeiten enthaltende spezifische Leistung am besten auszuwerten verstand.

[5] B. T. Gardner und R. A. Gardner, in: Behavior of non-human Primates. Hrsg. v. Schrier und Stolnitz. New York (Academic Press) 1970.

Diese Hypothese hätte bloß für sich, daß sie reizvoll und einleuchtend ist, würde sie nicht gleichfalls durch gewisse Ergebnisse der heutigen Sprachforschung gestützt. Wenn der Spracherwerb des Kindes uns unerklärlich vorkommt, dann liegt das – wie seine Untersuchung in unwiderstehlicher Weise nahelegt – daran, daß er seiner Natur nach von einem regelrechten Erlernen eines Systems formaler Regeln völlig verschieden ist[6]. Das Kind erlernt keine Regel, es versucht keineswegs, die Sprache der Erwachsenen nachzuahmen. Man könnte sagen, daß es davon nimmt, was ihm in jedem Stadium seiner Entwicklung entspricht. Im ersten Stadium (mit etwa 18 Monaten) hat das Kind einen Vorrat von ungefähr 10 Wörtern, die es einzeln benutzt, ohne sie aber jemals, auch nicht auf dem Wege der Nachahmung, miteinander zu verbinden. Später verknüpft es erst zwei, dann drei Wörter usw. nach einer Syntax, die ebenfalls keine bloße Wiederholung oder Nachahmung der Erwachsenensprache ist. Dieser Prozeß scheint allgemeingültig zu sein, und die Zeitfolge ist für alle Sprachen die gleiche. Dem erwachsenen Beobachter kommt es immer unglaublich vor, mit welcher Leichtigkeit das Kind (nach dem ersten Jahr) innerhalb von zwei bis drei Jahren durch dieses Spiel die Sprache zu beherrschen lernt.

Der ursprüngliche Spracherwerb

Doch ist es schwierig, darin nicht den Ausdruck eines embryologischen, epigenetischen Prozesses zu sehen, in dessen Verlauf sich die neuralen Strukturen entwickeln, die den sprachlichen Leistungen zugrunde liegen. Diese Hypothese wird durch Beobachtungen über Aphasien traumatischen Ursprungs bestätigt. Treten solche Aphasien beim Kind auf, dann gehen sie um so schneller und um so voll-

---

6 E. Lenneberg, Biological Foundations of Language. New York (Wiley) 1967.

ständiger zurück, je jünger das Kind ist. Diese Beschädigungen werden dagegen nicht rückgängig zu machen sein, wenn sie zu Beginn der Pubertät oder später erfolgen. Darüber hinaus bestätigt eine ganze Reihe anderer Beobachtungen, daß es für den spontanen Erwerb der Sprache ein kritisches Alter gibt. Wie jedermann weiß, erfordert es eine systematische, ununterbrochene Anstrengung des Willens, will man im erwachsenen Alter eine zweite Sprache erlernen. Die auf diese Weise erlernte Sprache wird praktisch immer eine niedrigere Stellung einnehmen als die spontan erworbene Muttersprache.

Der Spracherwerb ist in der epigenetischen Entwicklung des Gehirns programmiert

Die Vorstellung, daß der ursprüngliche Spracherwerb an einen epigenetischen Entwicklungsprozeß gebunden ist, wird durch die anatomischen Gegebenheiten bestätigt. Es ist nämlich bekannt, daß die Reifung des Gehirns sich nach der Geburt vollzieht und mit der Pubertät endet. Hauptsächlich scheint diese Entwicklung in einer beträchtlichen Zunahme der Schaltungen zwischen kortikalen Neuronen zu bestehen. Während der beiden ersten Lebensjahre verläuft dieser Prozeß sehr schnell und wird anschließend langsamer. Er setzt sich (sichtbar) nicht über die Pubertät hinaus fort und deckt sich folglich mit der »kritischen Periode«, in welcher der ursprüngliche Spracherwerb möglich ist [7].

Von hier aus ist es nur ein Schritt, den ich ohne Zögern vollziehe, bis zu dem Gedanken, daß der Spracherwerb beim Kind nur deshalb so unerklärlich spontan erscheint, weil die Sprache sich mit einem epigenetischen Entwicklungsprozeß verwebt, *dessen eine Funktion es ist, Sprache aufzunehmen.* Ich will versuchen, es ein wenig genauer auszudrücken: Von diesem postnatalen Wachstum des Kor-

7 Lenneberg, a. a. O.

tex ist die Entwicklung der Erkenntnisfunktion zweifellos abhängig. Weil die Sprache gerade während dieser Epigenese erworben wird, kann sie sich so eng mit dem Erkenntnisvermögen verbinden, daß es uns sehr schwerfällt, die sprachliche Leistung und die durch sie zum Ausdruck gebrachte Erkenntnis in der Selbstbeobachtung auseinander zu halten.

Es wird im allgemeinen angenommen, die Sprache stelle nur einen »Überbau« dar; diese Annahme wird natürlich mit der großen Vielfalt menschlicher Sprachen begründet, die ein Ergebnis der zweiten Evolution, der Kulturentwicklung, sind. Doch lassen sich der Umfang und die Verfeinerung des Erkenntnisvermögens beim *homo sapiens* offensichtlich nur in der Sprache und durch die Sprache begründen. Werden die kognitiven Funktionen dieses Werkzeuges beraubt, dann sind sie zum größten Teil gelähmt und unbrauchbar. Die Sprachfähigkeit kann in diesem Sinne nicht mehr als ein Überbau angesehen werden. Man muß annehmen, daß beim neuzeitlichen Menschen zwischen der Symbolsprache und den Erkenntnisfunktionen, welche die Sprache hervorrufen und in ihr zum Ausdruck kommen, eine enge Symbiose besteht, die nur das Ergebnis einer langen gemeinsamen Evolution sein kann.

Man weiß, daß die linguistische Tiefenanalyse nach Chomsky und seiner Schule unter der ungeheuren Vielfalt der menschlichen Sprachen eine allen Sprachen gemeinsame »Form« findet. Diese Form muß – nach Chomsky – folglich als *angeboren* und artspezifisch betrachtet werden. Bei einigen Philosophen und Anthropologen hat diese Vorstellung Anstoß erregt, und sie haben darin eine Rückkehr zur kartesianischen Metaphysik gesehen. Wenn man den biologischen Inhalt dieser Vorstellung akzeptiert, dann finde ich sie keineswegs anstoßerregend; sie erscheint mir im Gegenteil selbstverständlich, sobald man annimmt, daß die Entwicklung der kortikalen Strukturen des Menschen unvermeidlich sehr stark beeinflußt werden mußte durch eine Sprachfähigkeit, die schon sehr früh im unentwickeltsten Zustande erworben worden war. Das kommt der Annahme gleich, daß die gesprochene Sprache, seit sie im Stammbaum der Menschen auftrat, nicht nur die Entwicklung der Kultur ermöglicht, sondern entscheidend zur *körperlichen* Entwicklung des Menschen beigetragen hat. Wenn das wirklich der Fall war, so ist heute die Sprachfähigkeit, die sich im Laufe der epigenetischen Entwicklung des Gehirns zeigt, ein Bestandteil der »menschlichen Natur« geworden, die ihrerseits im Genom in einer völlig anderen Sprache – der des genetischen Code – festgelegt ist. Ein Wunder? Gewiß – denn letzten Endes handelt es sich um ein Produkt des Zufalls. Doch hat der Sinjanthropus oder einer seiner Kameraden an dem Tage, als er zum ersten Male ein gesprochenes Symbol benutzte, um eine Kategorie darzustellen, gewaltig die Wahrscheinlichkeit gesteigert, daß eines Tages ein Gehirn auftauchen würde mit der Fähigkeit, die Darwinsche Evolutionstheorie zu entwerfen.

Kapitel VIII
Die Grenzen

Bei dem Gedanken an den gewaltigen Weg, den die Evolution seit vielleicht drei Milliarden Jahren zurückgelegt hat, an die ungeheure Vielfalt der Strukturen, die durch sie geschaffen wurden, und an die wunderbare Leistungsfähigkeit von Lebewesen – angefangen vom Bakterium bis zum Menschen – können einem leicht wieder Zweifel kommen, ob das alles Ergebnis einer riesigen Lotterie sein kann, bei der eine blinde Selektion nur wenige Gewinner ausersehen hat.

Überprüft man aber im einzelnen die bis heute angehäuften Beweise, nach denen diese Konzeption wohl als einzige mit den Tatsachen (insbesondere mit den molekularen Vorgängen der Replikation, Mutation und Translation) sich vereinbaren läßt, so gewinnt man zwar wieder sicheren Boden, aber deshalb noch kein unmittelbares, umfassendes und intuitives Verständnis des gesamten Evolutionsprozesses. Das Wunder wurde zwar »erklärt«, doch bleibt es für uns noch immer ein Wunder. Mauriac schreibt: »Was dieser Professor sagt, ist noch viel unglaublicher als das, was wir armen Christen glauben.«

Das ist ebenso wahr wie die Tatsache, daß es uns nicht gelingt, uns von bestimmten Abstraktionen der modernen Physik eine befriedigende geistige Vorstellung zu machen.

Die heutigen Grenzen der biologischen Erkenntnis

Doch wissen wir ebenfalls, daß solche Schwierigkeiten nicht als Argument gegen eine Theorie gelten können, welche die Gewißheiten der Erfahrung und der Logik für sich hat. Die Ursache unserer Verständnisschwierigkeiten im Bereich der Physik, sei sie mikroskopisch oder kosmologisch, ist erkennbar. Der Größenmaßstab der beobachteten Erscheinungen ist mit den Kategorien unserer unmittelbaren Erfahrung nicht zu fassen. Diesen Mangel kann allein die Abstraktion ausgleichen, ohne ihn freilich zu beheben. Bei der Biologie ist die Schwierigkeit anderer Art. Die allem zugrunde liegenden elementaren Wechselwirkungen sind wegen ihres mechanischen Charakters verhältnismäßig leicht zu begreifen. Die ungeheure Komplexität lebender Systeme aber versagt sich jeder umfassenden intuitiven Vorstellung. In der Biologie, wie in der Physik, ist dieses subjektive Unvermögen kein Argument gegen die Theorie.

Heute kann man sagen, daß die elementaren Mechanismen der Evolution nicht nur grundsätzlich begriffen, sondern auch genau identifiziert sind. Die Lösung, die man in dieser Frage gefunden hat, ist um so befriedigender, als es sich um die gleichen Mechanismen handelt, die auch die Stabilität der Arten sichern: die Invarianz der DNS bei der Replikation und die teleonomisch gesicherte Kohärenz der Organismen.

Trotzdem wird der Begriff der Evolution der zentrale Begriff der Biologie bleiben; seine genauere und vollständigere Bestimmung wird noch lange Zeit in Anspruch nehmen. Im wesentlichen ist das Problem jedoch gelöst, und die Evolution steht nicht länger im Grenzbereich unserer Erkenntnis.

Die Grenzen der Erkenntnis liegen für mich an den beiden äußersten Punkten der Evolution, das ist einerseits der Ursprung der ersten lebenden Systeme, andererseits die

Funktionsweise des am stärksten teleonomischen Systems, das jemals hervorgetreten ist: Ich meine das Zentralnervensystem des Menschen. Im vorliegenden Kapitel möchte ich versuchen, diese beiden Grenzen zum Unbekannten hin abzustecken.

Man könnte denken, die Entdeckung der universalen Mechanismen, auf denen die wesentlichen Eigenschaften aller Lebewesen beruhen, habe die Lösung der Frage nach dem Ursprung erleichtert. Diese Entdeckungen haben dazu geführt, daß die Frage nicht nur fast völlig neu wiederaufgeworfen wurde und heute viel genauer formuliert wird, sie hat sich auch wegen dieser Entdeckungen als viel schwieriger erwiesen, als es vorher schien.

A priori lassen sich drei Etappen des Prozesses definieren, der zum Erscheinen der ersten Organismen geführt haben kann:

a) Bildung der hauptsächlichen chemischen Bestandteile von Lebewesen auf der Erde, der Nukleotide und Aminosäuren;

b) ausgehend von diesen Stoffen die Bildung der ersten replikationsfähigen Makromoleküle;

c) die Evolution, die um diese »replikativen Strukturen« herum einen teleonomischen Apparat aufbaut und zur Urzelle führt.

Jede dieser Etappen wirft unterschiedliche Interpretationsprobleme auf.

Die erste, oft »präbiotisch« genannte Phase ist nicht nur der Theorie, sondern auch dem Experiment in weitem Maße zugänglich. Wenn über die Wege, denen die präbiotische chemische Entwicklung gefolgt ist, auch Ungewißheit herrscht und ohne Zweifel weiter herrschen wird,

Das Ursprungsproblem

so ist das Gesamtbild doch ziemlich klar. Vor vier Milliarden Jahren begünstigten die Bedingungen in der Atmosphäre und der Erdkruste die Anhäufung von bestimmten einfachen Kohlenstoffverbindungen wie etwa Methan. Es gab ebenfalls Wasser und Ammoniak. Nun erhält man aus diesen einfachen Verbindungen in Gegenwart nicht-biologischer Katalysatoren ziemlich leicht zahlreiche komplexere Substanzen, unter denen Aminosäuren und Vorläufer der Nukleotide (stickstoffhaltige Basen, Zucker) auftreten. Bemerkenswert ist nun, daß diese Synthesen unter bestimmten Bedingungen, deren Zusammentreffen durchaus plausibel ist, in großem Umfang Substanzen ergeben, die den Bestandteilen der modernen Zelle analog oder gar mit ihnen identisch sind.

Man kann daher als *erwiesen* erachten, daß einige Wasserflächen auf der Erde in einem gegebenen Augenblick erhöhte Konzentrationen der Hauptbestandteile der beiden Klassen biologischer Makromoleküle, Nukleinsäuren und Proteine, in Lösung enthalten *konnten*. In dieser »präbiotischen Suppe« konnten sich verschiedene Makromoleküle durch Polymerisierung ihrer Vorläufer, der Aminosäuren und Nukleotide, bilden. Tatsächlich hat man im Laboratorium unter »plausiblen« Bedingungen Polypeptide und Polynukleotide erhalten, die in ihrer allgemeinen Struktur den »modernen« Makromolekülen ähnlich sind.

Bis hierher gibt es also keine größeren Schwierigkeiten. Aber die erste entscheidende Etappe ist noch nicht erreicht: die Bildung von Makromolekülen, die unter den Bedingungen der Ursuppe in der Lage sind, ihre eigene Replikation ohne die Hilfe eines teleonomischen Apparats durchzuführen. Diese Schwierigkeit ist aber nicht unüberwindlich. Man hat gezeigt, daß eine Polynukleotid-Sequenz durch spontane Paarung tatsächlich die Bildung von komplementären Sequenzelementen lenken kann. Ein solcher Mechanismus konnte natürlich nur sehr unwirksam sein und mußte zahllosen Irrtümern unterliegen. Doch von dem Augenblick an, da dieser Mechanismus sich einschaltete, hatten die drei fundamentalen Prozesse der Evolution: die Replikation, die Mutation und die Selektion, zu wirken begonnen und sollten jenen Makromolekülen einen beträchtlichen Vorteil verschaffen, die aufgrund ihrer sequentiellen Struktur am besten in der Lage waren, sich spontan zu verdoppeln [1].

Nach unserer Hypothese bestand die dritte Etappe im stufenweisen Hervortreten teleonomischer Systeme, die um die replikative Struktur herum einen *Organismus,* eine Urzelle aufbauen sollten. An dieser Stelle erreicht man die wirkliche »Schallmauer«, denn wir haben keine Vorstellung davon, wie die Struktur einer Urzelle aussehen könnte. Das einfachste uns bekannte lebende System, die Bakterienzelle, ist eine kleine Maschine von äußerster Komplexität und Leistungsfähigkeit und hat ihren gegenwärtigen Grad der Vollkommenheit vielleicht schon vor mehr als Milliarden Jahren erlangt. Die chemische Gesamtanlage dieser Zelle ist die gleiche wie die aller anderen Lebewesen. Sie verwendet den gleichen genetischen Code und die gleiche Übersetzungsmechanik wie zum Beispiel die menschlichen Zellen.

So haben die einfachsten Zellen, die uns zur Erforschung zur Verfügung stehen, gar nichts »Primitives«. Sie sind das Produkt einer Selektion, die durch fünfhundert oder tausend Milliarden Generationen hindurch eine derart mächtige teleonomische Apparatur hat zusammentragen können, daß die Spuren der ersten, wirklich primitiven Strukturen

[1] L. Orgel, a. a. O.

verwischt wurden. Es ist unmöglich, eine solche Evolution ohne Fossile zu rekonstruieren. Doch möchte man wenigstens eine plausible Hypothese über den Weg vortragen, den diese Evolution – vor allem an ihrem Ausgangspunkt – eingeschlagen hat.

Die Entwicklung des Stoffwechselsystems, das ja in dem Maße, wie die Ursuppe auslaugte, hat »lernen« müssen, das chemische Potential zu mobilisieren und die Zellbestandteile zu synthetisieren, bietet die gleichen gewaltigen Probleme wie das Auftauchen einer Membran mit selektiver Durchlässigkeit, ohne die es keine lebensfähige Zelle geben kann. Das größte Problem ist jedoch die Herkunft des genetischen Code und des Mechanismus seiner Übersetzung. Tatsächlich dürfte man nicht von einem »Problem«, man müßte eher von einem wirklichen Rätsel sprechen.

Der rätselhafte Ursprung des Code

Der Code hat keinen Sinn, wenn er nicht übersetzt wird. Die Übersetzungsmaschine der modernen Zelle enthält mindestens fünfzig makromolekulare Bestandteile, *die selber in der DNS codiert sind: Der Code kann nur durch Übersetzungsergebnisse übersetzt werden.* Das ist die moderne Ausdrucksweise für das alte *omne vivum ex ovo*. Wann und wie hat sich dieser Kreis in sich geschlossen? Es ist überaus schwierig, sich das vorzustellen. Doch da man heute weiß, wie der Code zu dechiffrieren ist und daß er allgemeingültig ist, läßt sich zumindest das Problem genau – mit einer gewissen Vereinfachung – in der folgenden Alternative angeben:

a) Die Struktur des Code erklärt sich aus chemischen oder genauer stereochemischen Gründen; wenn ein bestimmtes Codon (Codeeinheit) »gewählt« wurde, um eine bestimmte Aminosäure darzustellen, so deshalb, weil zwischen ihnen eine gewisse stereochemische Verwandtschaft bestand;

b) Die Struktur des Code ist chemisch willkürlich; der Code, so wie wir ihn kennen, ist das Resultat einer Serie von Zufallswahlen, die ihn nach und nach bereichert haben.

Die erste ist die bei weitem verführerischste Hypothese; zunächst, weil sie die Universalität des Code erklären würde; dann, weil sie erlauben würde, uns einen ersten Translationsmechanismus vorzustellen, in dem die Sequenz oder Anordnung der Aminosäuren, aus der sich das Polypeptid ergibt, einer direkten Wechselwirkung zwischen den Aminosäuren und der replikativen Struktur zuzuschreiben wäre; schließlich und vor allem, weil diese Hypothese, wenn sie richtig wäre, sich grundsätzlich verifizieren ließe. Es wurden auch schon zahlreiche Versuche ihrer Verifikation unternommen, deren Bilanz vorerst als negativ zu betrachten ist [2].

Vielleicht ist das letzte Wort in dieser Sache noch nicht gesprochen. Während man auf eine unwahrscheinliche Bestätigung wartet, wird man auf die zweite Hypothese verwiesen, die aber aus methodologischen Gründen unangenehm ist, was keineswegs heißt, daß sie deshalb nicht stimmt. Sie ist unangenehm aus mehreren Gründen. Sie gibt keine Erklärung für die Universalität des Code. Man muß dann annehmen, daß nur einer unter zahlreichen Ausarbeitungsversuchen überlebt hat, was an sich übrigens sehr wahrscheinlich ist, aber kein primitives Translationsmodell anbietet. Da muß dann die Spekulation aushelfen, wobei es an ausgeklügelten Ideen nicht fehlt: das Feld ist frei, zu frei.

Es bleibt das Rätsel, das auch die Antwort auf eine an-

---

[2] Vgl. F. Crick, in: ›Journal of Molecular Biology‹ 38 (1968), S. 367–379.

dere sehr interessante Frage verbirgt. Das Leben ist auf der Erde erschienen; wie groß war *vor dem Ereignis* die Wahrscheinlichkeit dafür, daß es eintreffen würde? Aufgrund der gegenwärtigen Struktur der belebten Natur ist die Hypothese nicht ausgeschlossen – es ist im Gegenteil wahrscheinlich, daß das entscheidende Ereignis sich *nur ein einziges Mal* abgespielt hat. Das würde bedeuten, daß die *a priori*-Wahrscheinlichkeit dieses Ereignisses fast null war.

Dieser Gedanke widerstrebt den meisten Wissenschaftlern. Die Naturwissenschaft kann über ein einmaliges Ereignis weder etwas sagen, noch kann sie damit etwas anfangen. Sie kann nur Ereignisse »abhandeln«, die eine Klasse bilden und deren *a priori*-Wahrscheinlichkeit, so gering sie auch sein mag, eine endliche Größe hat. Nun scheint aber die Biosphäre – schon aufgrund der Universalität ihrer Strukturen, angefangen beim Code – das Produkt eines einmaligen Ereignisses zu sein. Natürlich ist es möglich, daß diese Einmaligkeit darauf zurückgeht, daß viele andere Versuche oder Varianten durch die Selektion ausgeschaltet wurden. Diese Deutung ist jedoch keineswegs zwingend.

Die *a priori*-Wahrscheinlichkeit dafür, daß unter allen im Universum möglichen Ereignissen ein besonderes Einzelereignis sich vollzieht, liegt nahe bei Null. Indessen existiert das Universum, und es müssen also wohl Einzelereignisse vorfallen, deren Wahrscheinlichkeit (Erwartungswahrscheinlichkeit vor dem Ereignis) verschwindend gering ist. Wir können zur gegenwärtigen Stunde weder behaupten noch bestreiten, daß das Leben auf der Erde *ein einziges Mal* aufgetreten sei und folglich vor seinem Auftreten fast keine Chancen für sein Dasein bestanden hätten.

Diese Vorstellung ist nicht nur den Biologen unangenehm, soweit sie Wissenschaftler sind. Sie widersetzt sich unserer allgemeinmenschlichen Neigung: zu glauben, daß alle wirklich in der Welt existierenden Dinge von jeher notwendig gewesen seien. Wir müssen immer vor diesem so mächtigen Gefühl auf der Hut sein, daß alles vorherbestimmt sei. Die moderne Naturwissenschaft kennt keine notwendige Vorherbestimmtheit. Das Schicksal zeigt sich in dem Maße, wie es sich vollendet – nicht im voraus. Unsere Bestimmung war nicht ausgemacht, bevor nicht die menschliche Art hervortrat, die als einzige in der belebten Natur ein logisches System symbolischer Verständigung benützt. Das ist ein weiteres einmaliges Ereignis, das uns schon deshalb vor einem jeglichen Anthropozentrismus warnen sollte. Wenn es so einzigartig und einmalig war wie das Erscheinen des Lebens, dann deshalb, weil es vor seinem Eintreten ebenso unwahrscheinlich war. Das Universum trug weder das Leben, noch trug die Biosphäre den Menschen in sich. Unsere »Losnummer« kam beim Glücksspiel heraus. Ist es da verwunderlich, daß wir unser Dasein als sonderbar empfinden – wie jemand, der im Glücksspiel eine Milliarde gewonnen hat?

Der Logiker könnte dem Biologen voraussagen, daß seine Bemühungen, die gesamte Funktionsweise des menschlichen Gehirns zu »begreifen«, aussichtslos sind, da kein logisches System imstande ist, seine eigene Struktur vollständig zu beschreiben. Dieser Hinweis käme allerdings zur falschen Zeit, weil wir von dieser absoluten Grenze der Erkenntnis noch weit entfernt sind. Ein solcher Einwand ist auf jeden Fall unzutreffend, wenn der Mensch das Zentralnervensystem eines Tieres untersucht, von dem wir annehmen können, daß es weniger komplex und nicht so leistungs-

Die andere Grenze: das Zentralnervensystem

fähig ist wie unseres. Eine große Schwierigkeit bleibt indessen auch in diesem Fall bestehen: Die bewußte Erfahrung eines Tieres ist uns unzugänglich und wird es zweifellos immer bleiben. Wenn uns aber diese Gegebenheit unzugänglich bleibt, kann man dann behaupten, daß eine erschöpfende Beschreibung der Funktionsweise des Gehirns etwa eines Frosches möglich sei? Das darf bezweifelt werden insofern, als die Erforschung des menschlichen Gehirns – trotz aller Hindernisse, die dem Experimentieren entgegenstehen – für immer unersetzbar bleiben wird, weil sie die Möglichkeit bietet, die objektiven und die subjektiven Ergebnisse einer Erfahrung miteinander zu vergleichen.

Wie dem auch sei – Struktur und Funktion des Gehirns können und müssen gleichzeitig auf allen zugänglichen Ebenen untersucht werden, in der Hoffnung, daß diese Forschungen, die sich sowohl hinsichtlich ihrer Methode wie auch ihres unmittelbaren Gegenstandes stark unterscheiden, eines Tages zu einem gemeinsamen Ziel führen werden; vorerst stimmen sie höchstens darin überein, daß sie alle schwierige Probleme aufwerfen.

Zu den schwierigsten und bedeutendsten Problemen gehören jene, die durch die epigenetische Entwicklung einer derart komplexen Struktur aufgeworfen werden, wie sie das Zentralnervensystem darstellt. Es umfaßt beim Menschen 10^{12} bis 10^{13} Neuronen, die durch etwa 10^{14} bis 10^{15} Synapsen untereinander verbunden sind; manche verbinden auch weit voneinander entfernte Nervenzellen. Ich habe schon erwähnt, welches Rätsel die Fernwirkungen bei der Morphogenese aufgeben, und werde hier nicht darauf zurückkommen. Insbesondere dank einiger bemerkenswerter Experimente lassen sich derartige Probleme wenigstens klar formulieren [3].

[3] Sperry, passim.

Man wird die Funktionsweise des Zentralnervensystems nicht verstehen, wenn man die Funktionsweise des logischen Grundelements, der Synapse, nicht kennt. Von allen Untersuchungsebenen ist sie dem Experiment am leichtesten zugänglich, und durch raffinierte Techniken hat man eine ansehnliche Menge von Unterlagen erlangt. Man ist indessen noch weit davon entfernt, die synaptische Leitung als eine Folge molekularer Wechselwirkungen erklären zu können. Doch ist dies eine wesentliche Frage, denn ohne Zweifel liegt hier das letzte Geheimnis des Gedächtnisses. Seit langer Zeit ist behauptet worden, die Erinnerung werde in Gestalt einer mehr oder weniger unumkehrbaren Veränderung der molekularen Wechselwirkungen registriert, die für die Übertragung der Nervenimpulse auf eine Reihe von Synapsen verantwortlich sind. Diese Theorie hat die ganze Wahrscheinlichkeit für sich, aber keine direkten Beweise [4].

Trotz dieser weitgehenden Unkenntnis der Grundvorgänge des Zentralnervensystems hat die moderne Elektrophysiologie sehr bedeutsame Resultate über die Aufschlüsselung und Integration von Nervensignalen besonders in den sensorischen Leitungsbahnen erbracht.

Bei den Eigenschaften des Neurons als eines Integrators der Signale, die es (durch Vermittlung der Synapsen) von zahlreichen anderen Zellen empfangen kann, hat die Analyse vor allem gezeigt, daß das Neuron aufgrund seiner

---

[4] Bei einigen Physiologen hat jüngst eine Theorie Glauben gefunden, der zufolge das Gedächtnis in der Sequenz der Radikale gewisser Makromoleküle (Ribonukleinsäuren) verschlüsselt wird. Damit glauben sie anscheinend die aus der Erforschung des genetischen Code gewonnenen Konzeptionen aufzunehmen und zu nutzen. Nun ist aber diese Theorie gerade angesichts unserer gegenwärtigen Kenntnisse über den Code und die Vorgänge der Übersetzung unhaltbar.

Leistungen sich gut mit den integrierten Teilen eines Elektronenrechners vergleichen läßt. Es ist wie diese beispielsweise in der Lage, alle logischen Operationen der propositionalen Algebra durchzuführen. Aber darüber hinaus kann es verschiedene Signale unter Berücksichtigung ihres zeitlichen Zusammentreffens addieren oder subtrahieren sowie die *Frequenz* der von ihm ausgesandten Signale in Abhängigkeit von der *Amplitude* der empfangenen Signale verändern. Tatsächlich kann kein gegenwärtig in den modernen Rechnern verwendeter Einzelbestandteil derart vielfältige und fein modulierte Leistungen erbringen. Trotzdem ist die Analogie zwischen den kybernetischen Maschinen und dem Zentralnervensystem eindrucksvoll, und der Vergleich zwischen ihnen bleibt fruchtbar. Man muß aber sehen, daß er sich freilich auf die unteren Integrationsstufen beschränkt, etwa auf die ersten Stufen der Auflösung sensorischer Reize. Die höheren Funktionen des Kortex, wie Sprache und Ausdruck, scheinen sich noch immer diesem Vergleich völlig zu entziehen. Gewiß kann man sich fragen, ob hier nur ein »quantitativer« (Komplexitätsgrad) oder ein »qualitativer« Unterschied vorliegt. Meines Erachtens ist eine solche Frage sinnlos. Nichts rechtfertigt die Annahme, daß die elementaren Wechselwirkungen auf den verschiedenen Integrationsstufen unterschiedlicher Natur sind. Wenn es einen Fall gibt, in dem das erste Gesetz der Dialektik anzuwenden ist, dann ist es gewiß dieser Fall.

Die Funktionen des Zentralnervensystems

Besonders die Verfeinerung der kognitiven Funktionen beim Menschen und die Fülle ihrer Anwendungen verdekken uns die ursprünglichen Funktionen, die das Gehirn in der Entwicklungsreihe der Tiere, darunter auch des Menschen, erfüllt hat. Diese ursprünglichen Funktionen lassen sich vielleicht in der folgenden Weise aufzählen und definieren:

1. Steuerung und zentrale Koordination der neuromotorischen Tätigkeit in Abhängigkeit insbesondere von den sensorischen Reizen;

2. Bereitstellung von mehr oder weniger komplexen Handlungsprogrammen in Gestalt genetisch festgelegter Schaltungen und ihre Auslösung in Abhängigkeit von besonderen Stimuli;

3. Analyse, Filterung und Integration der äußeren sensorischen Reize, um eine Vorstellung der Außenwelt zu bilden, die den spezifischen Leistungen des Tieres angepaßt ist;

4. Aufzeichnung der Ereignisse, die im Hinblick auf die Bandbreite der spezifischen Leistungen bedeutsam sind, und ihre Zusammenfassung zu Klassen von Ereignissen entsprechend ihren Analogien; Verknüpfung dieser Klassen entsprechend den Koinzidenz- oder Folgebeziehungen zwischen den Ereignissen; Bereicherung, Verfeinerung und Auffächerung der angeborenen Programme unter Einschluß dieser Erfahrungen;

5. Erfindung, das heißt *Darstellung* und *Simulation* von äußeren Ereignissen oder Handlungsprogrammen des Tieres selbst.

Die in den ersten drei Punkten definierten Funktionen werden schon durch das Zentralnervensystem von Tieren erfüllt, die man nicht zu den höheren rechnet, zum Beispiel von Gliederfüßlern (Arthropoden). Die spektakulärsten Beispiele von sehr komplexen angeborenen Handlungsprogrammen, die man kennt, finden sich bei den Insekten. Es ist fraglich, ob die unter Punkt 4 zusammengefaßten Funktionen bei diesen Tieren eine bedeutende

Rolle spielen[5]. Einen sehr bedeutenden Beitrag leisten diese Funktionen dagegen zum Verhalten der höheren Wirbellosen, wie etwa des Tintenfisches[6], und natürlich zum Verhalten aller Wirbeltiere.

Die unter Punkt 5 benannten Funktionen, die man vielleicht als »projektive« Funktionen bezeichnen könnte, sind allein den höheren Wirbeltieren vorbehalten. Hier schiebt sich jedoch die Barriere des Bewußtseins vor, und es mag sein, daß wir die äußeren Zeichen dieser Gehirntätigkeit (den Traum beispielsweise) nur bei unseren nahen Verwandten erkennen, obwohl sie bei anderen Arten eventuell auch auftreten könnte.

Unter 4. und 5. sind Erkenntnisfunktionen, unter 1., 2. und 3. dagegen nur Koordinations- und Darstellungsfunktionen angeführt. Nur die unter Punkt 5 genannten Funktionen können eine *subjektive Erfahrung* schaffen.

Dem Inhalt von Punkt 3 zufolge liefert die Analyse der Sinneseindrücke durch das Zentralnervensystem eine beschränkte und gelenkte Darstellung der Außenwelt, eine Art Zusammenfassung, in der nur das in vollem Lichte erscheint, was das Tier besonders in Abhängigkeit von seinem spezifischen Verhalten interessiert. Es ist im ganzen eine »kritische« Zusammenfassung in einem der kantischen Bedeutung komplementären Sinne. Das Experiment zeigt deutlich, daß es sich tatsächlich so verhält. So läßt zum Beispiel der hinter dem Auge eines Frosches befindliche Analysator den Frosch eine Fliege (das heißt: einen schwarzen Punkt) in Bewegung, nicht aber im Ruhezustand erkennen[7]. Der Frosch wird also nach der Fliege nur schnap-

Die Auflösung der sensorischen Eindrücke

---

[5] Vielleicht mit Ausnahme der Bienen.
[6] J. Z. Young, A model of the brain. Oxford University Press 1964.
[7] H. B. Barlow, in: ›Journal of Physiology‹ 119 (1953), S. 68–88.

pen, während sie fliegt. Es muß hervorgehoben werden – und diese Tatsache wird durch die elektrophysiologische Untersuchung bestätigt –, daß der Frosch den unbeweglichen schwarzen Punkt nicht etwa verschmäht, als stelle dieser mit Sicherheit keine Nahrung dar. Das Bild des schwarzen Punktes prägt sich ohne Zweifel der Netzhaut ein, doch es wird nicht *weitergeleitet,* da das System nur durch ein Objekt in Bewegung erregt wird.

Gewisse Experimente mit Katzen geben uns eine Erklärung für die geheimnisvolle Tatsache, daß ein Gesichtsfeld, von dem gleichzeitig alle Farben des Spektrums reflektiert werden, als ein *weißer* Fleck gesehen wird, während das Weiße subjektiv als Fehlen jeglicher Farbe gedeutet wird. Die Experimente [8] haben gezeigt, daß bestimmte Neuronen, die jeweils auf unterschiedliche Wellenlängen ansprechen, infolge sich überkreuzender Leitungshemmungen keine Signale absenden, wenn die Netzhaut gleichmäßig dem gesamten Spektrum der sichtbaren Wellenlängen ausgesetzt wird. Goethe hatte also gegen Newton in einem subjektiven Sinne recht. Sein Irrtum ist für einen Dichter in höchstem Grade verzeihlich.

Es unterliegt ebenfalls keinem Zweifel, daß die Tiere in der Lage sind, Objekte oder Beziehungen zwischen Objekten nach abstrakten Gesichtspunkten, vor allem nach geometrischen, zu ordnen: Ein Tintenfisch oder eine Ratte können die Vorstellung von einem Dreieck, einem Kreis oder einem Quadrat erlernen und diese Figuren fehlerfrei an ihren geometrischen Eigenschaften wiedererkennen – unabhängig davon, in welcher Größe, Richtung oder Farbe man ihnen das reale Objekt präsentiert.

---

8 T. N. Wiesel und D. H. Hubel, in: ›Journal of Neurophysiology‹ 29 (1966), S. 1115–1156.

Bei der Untersuchung der Schaltkreise, durch die eine im Blickfeld der Katze vorhandene Figur aufgelöst wird, zeigte sich, daß diese geometrischen Leistungen auf die Struktur der Schaltkreise zurückzuführen sind, die das Netzhautbild filtern und wieder zusammensetzen. Diese Analysatoren ziehen bestimmte einfache Elemente aus dem Bild heraus und zwingen ihm schließlich die eigenen Beschränkungen auf. Einige Nervenzellen sprechen zum Beispiel nur auf eine von links nach rechts geneigte Gerade an, andere nur auf eine in umgekehrter Richtung geneigte Gerade. Die »Begriffe« der elementaren Geometrie sind also nicht so sehr in dem Objekt, sie werden vielmehr durch den sensorischen Analysator repräsentiert, der das Objekt wahrnimmt und es aus seinen einfachsten Elementen wieder zusammensetzt [9].

Der Empirismus und das Angeborene

Diese modernen Entdeckungen geben somit in einem neuen Sinne Descartes und Kant gegen den radikalen Empirismus recht, der indessen seit zweihundert Jahren eine fast ununterbrochene Vorherrschaft in den Wissenschaften behauptet und den Verdacht der Unwissenschaftlichkeit gegen jegliche Hypothese geschleudert hat, die das »Angeborensein« der Kategorien der Erkenntnis unterstellte. Noch heute scheinen einige Verhaltensforscher der Vorstellung anzuhängen, daß die Elemente des Verhaltens beim Tier entweder angeboren oder erlernt sind, wobei das eine das andere absolut ausschließt. Wie Konrad Lorenz nachdrücklich gezeigt hat, ist eine derartige Vorstellung völlig falsch [10]. Wenn das Verhalten Elemente enthält, die durch

---

[9] D. H. Hubel und T. N. Wiesel, in: ›Journal of Physiology‹ 148 (1959), S. 574–581.

[10] K. Lorenz, Evolution and Modification of Behavior. Chicago (University of Chicago Press) 1965.

Erfahrung erworben wurden, so wurden sie nach einem *Programm* erworben, das seinerseits angeboren, das heißt genetisch festgelegt ist. Das Lernen wird durch die Struktur des Programms hervorgerufen und gelenkt; damit wird der Lerninhalt in eine feststehende »Form« eingebracht, die durch das Erbgut der Art festgelegt ist. Auf diese Weise muß man zweifellos den Prozeß des ursprünglichen Spracherlernens beim Kinde deuten (vgl. Kap. VII). Es gibt keinen Grund zu der Annahme, daß es sich mit den Grundkategorien der Erkenntnis beim Menschen nicht genauso verhält und vielleicht ebenfalls mit vielen weiteren, weniger grundlegenden, aber für den einzelnen und die Gesellschaft sehr bedeutsamen Elementen des menschlichen Verhaltens. Derartige Probleme sind dem Experiment grundsätzlich zugänglich. Die Verhaltensforscher führen solche Experimente tagtäglich durch. Es ist allerdings undenkbar, daß solche grausamen Experimente am Menschen, insbesondere am Kind, durchgeführt würden. Der Mensch muß sich aus Achtung vor sich selbst versagen, einige der konstitutiven Strukturen seines Wesens zu erforschen.

Die lang andauernde Kontroverse über Descartes' Idee von den »angeborenen Vorstellungen«, die von den Empiristen bestritten wurden, erinnert an die Meinungsverschiedenheiten unter den Biologen über den Unterschied zwischen Genotypus und Phänotypus. Für die Genetiker, die diese grundlegende Unterscheidung eingeführt hatten, war sie für die Definition des Erbguts unerläßlich; in den Augen vieler nichtgenetisch orientierter Biologen war sie dagegen sehr suspekt: Sie sahen darin nur einen Kunstgriff, durch den das Postulat von der Invarianz des Gens gerettet werden sollte. Wieder einmal stoßen wir auf den Gegensatz zwischen denen, die nur den wirklichen, konkreten Gegenstand in seiner vollständigen Präsenz kennen wollen, und jenen, die darunter das verborgene Abbild einer idealen Gestalt zu entdecken versuchen. Es gibt nur zwei Arten von Gelehrten, sagte Alain: Die einen lieben die Ideen, und die anderen hassen die Ideen. Diese beiden Geisteshaltungen stehen einander immer noch in der Naturwissenschaft gegenüber; für deren Fortschritt sind beide durch ihren Gegensatz notwendig. Für die Verächter der Idee kann man freilich nur bedauern, daß dieser Fortschritt, zu dem sie beitragen, ihnen unablässig unrecht gibt.

In einem – sehr bedeutsamen – Sinne hatten die großen Empiristen des 18. Jahrhunderts indessen nicht unrecht. Es ist vollkommen richtig, daß bei den Lebewesen alles aus der Erfahrung stammt, auch das erblich Angeborene, sei es nun das stereotype Verhalten der Bienen, sei es der angeborene Rahmen der menschlichen Erkenntnis. Doch kommt es nicht aus der gegenwärtigen Erfahrung, die jeder einzelne in jeder Generation von neuem macht, sondern aus der im Laufe der Evolution von allen Generationen angehäuften Erfahrung. Allein diese zufällig geschöpfte Erfahrung, allein diese zahllosen, durch die Auslese bereinigten Versuche konnten aus dem Zentralnervensystem wie aus jedem anderen Organ ein System entstehen lassen, das seiner besonderen Funktion angepaßt war, die im Falle des Gehirns darin besteht, eine den Leistungen der Art entsprechende Darstellung der Sinneswelt zu geben, einen Rahmen zu liefern, in dem die an sich unbrauchbaren Einzeldaten der unmittelbaren Erfahrung wirksam eingeordnet werden können, und – beim Menschen – die Erfahrung, subjektiv zu simulieren, um ihre Ergebnisse vorwegzunehmen und das Handeln vorzubereiten.

Die besonderen Eigenschaften des menschlichen Gehirns

scheinen mir dadurch charakterisiert zu sein, daß die Simulationsfähigkeit stark entwickelt ist und intensiv genutzt wird – und zwar auf der Basis der Erkenntnisfunktionen, die der Sprache zugrunde liegen und sicher nur teilweise durch sie zum Ausdruck kommen. Nun ist aber diese Funktion nicht ausschließlich auf den Menschen beschränkt. Der junge Hund, der seine Freude ausdrückt, wenn er beobachtet, daß sein Herr sich zum Spaziergang vorbereitet, stellt sich offensichtlich vor, das heißt, er simuliert im voraus, welche Entdeckungen er machen wird, welche Abenteuer ihn erwarten und was für köstliche Schauder er dank der beruhigenden Gegenwart seines Herrn gefahrlos erleben wird. Später wird er das alles noch einmal simulieren, im wirren Durcheinander des Traumes.

Die Simulationsfunktion

Beim Tier wie auch beim Kind scheint die subjektive Simulation nur teilweise von der neuromotorischen Aktivität getrennt zu sein; ihre Ausübung kommt im Spiel zum Vorschein. Aber beim (erwachsenen) Menschen wird die subjektive Simulation zur höheren Funktion *par excellence*, zur schöpferischen Funktion. Die sprachliche Symbolik läßt diese schöpferische Funktion deutlich werden, indem sie deren Operationen übersetzt und zusammenfaßt. Deshalb ist – was Chomsky unterstreicht – die Sprache selbst in ihrer schlichtesten Verwendung fast immer Neuerer: Sie überträgt eine subjektive Erfahrung, eine eigentümliche, jedes Mal neue Simulation. Darin weicht die menschliche Sprache ebenfalls radikal von der tierischen Verständigung ab, die sich auf Lockrufe und Warnungen beschränkt, welche einer bestimmten Anzahl stereotypisierter konkreter Situationen entsprechen. Das intelligenteste Tier, das ganz sicher ziemlich deutlicher Simulationen fähig ist, besitzt kein Mittel, sein »Bewußtsein zu befreien«, höchstens, daß es annähernd zeigt, in welcher Richtung seine Phantasie spielt. Der Mensch dagegen kann von seinen subjektiven Erfahrungen sprechen: Die neue Erfahrung, die schöpferische Eingebung geht nicht mehr mit demjenigen unter, bei dem sie zum erstenmal simuliert worden ist.

Ich glaube, alle Wissenschaftler müssen sich dessen bewußt geworden sein, daß ihre innere Reflexion nicht verbal ist; sie ist ein *Gedankenexperiment,* eine eingebildete Erfahrung, mit Hilfe von Formen, Kräften und Wechselwirkungen simuliert, die nur mit Mühe ein »Bild« im visuellen Sinne ergeben. Als ich einmal mein Bewußtsein ganz auf ein Gedankenexperiment konzentriert hatte, habe ich mich selber dabei überrascht, mich mit einem Eiweißmolekül zu identifizieren. Doch nicht in diesem Augenblick tritt die Bedeutung des simulierten Experiments zutage, sondern erst, wenn es einmal symbolisch ausgedrückt worden ist. Ich glaube nämlich nicht, daß man die nichtvisuellen Bilder, mit denen die Simulation arbeitet, als Symbole ansehen sollte, sondern vielmehr als die – wenn ich so sagen darf – abstrakte, subjektive »Wirklichkeit«, die dem Gedankenexperiment unmittelbar zur Verfügung steht.

Wie dem auch sei – üblicherweise wird der Simulationsvorgang vollständig durch die Sprache verdeckt, die ihm fast unmittelbar folgt und mit dem Denken selber zu verschmelzen scheint. Doch sind zahlreiche objektive Beobachtungen bekannt, die beweisen, daß sogar die komplexen Erkenntnisfunktionen beim Menschen nicht unmittelbar an die Sprache gebunden sind oder an irgendein anderes symbolisches Ausdrucksmittel. Man kann vor allem die Untersuchungen über verschiedene Arten der Aphasie heranziehen. Am eindrucksvollsten sind vielleicht die neueren Experimente von Sperry an Versuchspersonen, deren beide Hirnhälften durch einen chirurgischen Schnitt im »corpus callosum« voneinander getrennt worden waren [11]. Bei diesen Versuchspersonen vermitteln die rechte Hand und das rechte Auge Informationen nur an die linke Hälfte des Gehirns und umgekehrt. So wird ein vom rechten Auge erblickter oder von der rechten Hand ertasteter Gegenstand erkannt, ohne daß die Versuchsperson ihn benennen könnte. Bei einigen schwierigen Tests, bei denen es darum ging, die (dreidimensionale) Form eines mit einer der beiden Hände festgehaltenen Gegenstandes mit der flächigen, auf einer Leinwand dargestellten Ausführung dieser Form zu verbinden, erwies sich nun die rechte (aphasische) Hälfte als der »dominanten« linken Hälfte in der schnellen Unterscheidung weit überlegen. Es ist verlockend, über die Möglichkeit zu spekulieren, daß ein bedeutender, vielleicht der »tiefgründigste« Teil der subjektiven Simulation durch die rechte Hälfte besorgt wird.

Wenn man zu Recht der Ansicht sein darf, daß das Denken auf einem Vorgang subjektiver Simulation beruht, dann ist anzunehmen, daß die hohe Entfaltung dieser Fähigkeit beim Menschen das Ergebnis eines Evolutionsprozesses ist, in dessen Verlauf die Leistungsfähigkeit dieses Vorgangs und sein Wert fürs Überleben durch die Auslese im konkreten Handeln erprobt worden sind, das seinerseits durch das Gedankenexperiment vorbereitet wurde. Das Simulationsvermögen des Zentralnervensystems ist also bei unseren Vorfahren wegen seiner Fähigkeit der adäquaten Darstellung und der exakten Voraussage, die *von der konkreten Erfahrung bestätigt* wurden, bis zu dem Grade ent-

[11] J. Levi-Agresti und R. W. Sperry, in: ›Proceedings of the National Academy of Sciences‹ 61 (1968), S. 1151.

wickelt worden, den es beim *homo sapiens* erreicht hat. Der subjektive Simulator durfte sich nicht täuschen, wenn es darum ging, mit den Waffen, über die der Australanthropus, der Pithecanthropus oder sogar der *homo sapiens* von Cro-Magnon verfügte, eine Pantherjagd zu organisieren. Deshalb täuscht uns das von unseren Vorfahren ererbte, angeborene logische Werkzeug nicht und erlaubt uns, die Ereignisse im Universum zu »begreifen«, das heißt: sie in Symbolsprache zu beschreiben und vorherzusehen, vorausgesetzt, daß dem Simulator die nötigen Informationselemente geliefert werden.

Als ein Instrument der Vorwegnahme, das sich ständig mit seinen eigenen Erfahrungsresultaten anreichert, ist der Simulator das Werkzeug der Entdeckung und der Neuschöpfung. Dank der Analyse der Logik seiner subjektiven Funktionsweise konnten die Regeln der objektiven Logik formuliert und neue symbolische Instrumente wie etwa die Mathematik geschaffen werden. Große Geister wie Einstein haben sich oft sehr darüber verwundert, und zwar zu Recht, daß die vom Menschen geschaffenen mathematischen Formeln so getreu die Natur wiedergeben können, wo sie doch nichts der Erfahrung verdanken. Nichts verdanken sie freilich der konkreten, individuellen Erfahrung, alles dagegen der Leistungsfähigkeit des Simulators, der durch die ungeheure, schmerzliche Erfahrung unserer einfachen Vorfahren gestaltet wurde. Wenn wir nach wissenschaftlicher Methode systematisch die Logik und die Erfahrung einander gegenüberstellen, dann vergleichen wir tatsächlich die Erfahrung dieser Vorfahren mit der gegenwärtigen Erfahrung.

Wir können zwar die Existenz dieses wunderbaren Instruments erraten, wir können das Ergebnis seiner Operationen durch die Sprache wiedergeben, doch haben wir keine Vorstellung davon, wie es funktioniert und wie es aufgebaut ist. Das physiologische Experiment ist in dieser Hinsicht noch immer fast wirkungslos. Die Selbstbeobachtung mit allen ihren Gefahren sagt uns trotz allem ein wenig mehr darüber. Bleibt schließlich die Sprachanalyse übrig, doch enthüllt die Sprache den Simulationsvorgang nur über unbekannte Umformungen und läßt sicher nicht alle seine Operationen deutlich hervortreten.

Hier stoßen wir auf die Grenze, die für uns immer noch fast genauso unüberwindlich ist wie für Descartes. Solange sie nicht überwunden ist, behält der Dualismus* seine phänomenologische Wahrheit. Gehirn und Geist sind für uns im aktuellen Erleben noch genauso getrennt wie für die Menschen des 17. Jahrhunderts. Durch die objektive Analyse werden wir genötigt, in dem scheinbaren Dualismus des menschlichen Wesens eine Illusion zu erkennen. Doch ist diese Illusion so innig mit diesem Wesen verknüpft, daß es eine vergebliche Hoffnung wäre, man könne sie jemals aus der unmittelbaren Auffassung der Subjektivität auslöschen oder lernen, affektiv und moralisch ohne die Illusion zu leben. Und warum sollte man es im übrigen auch? Wer könnte die Erfahrung des Geistes bezweifeln? Verzichten wir auf die Illusion, in der Seele eine immaterielle »Substanz« zu sehen, dann leugnen wir nicht deren Existenz, sondern wir beginnen im Gegenteil, die Komplexität, den Reichtum und die unergründliche Tiefe des genetischen und des kulturellen Erbes wie auch der bewußten und unbewußten persönlichen Erfahrung zu erkennen, die zusammen das Wesen ausmachen, das sich in uns einmalig und unwiderleglich selber bezeugt.

Die Illusion des Dualismus und die Erfahrung des Geistes

* Die traditionelle philosophische Unterscheidung von Geist und Materie, im Sinne der kartesianischen Lehre. Anm. d. Übers.

Kapitel IX
Das Reich und die Finsternis

An dem Tage, so haben wir gesagt, da es dem Australanthropus oder einem seiner Artverwandten gelang, nicht mehr nur eine konkrete, gegenwärtige Erfahrung, sondern den Inhalt einer subjektiven Erfahrung, einer persönlichen »Simulation« mitzuteilen, war ein neues Reich entstanden – das Reich der Ideen. Eine neue Evolution wurde möglich, die Evolution der Kultur. Die physische Entwicklung des Menschen sollte sich noch lange Zeit fortsetzen; von nun an war sie mit der Entwicklung der Sprache eng verbunden und stand stark unter ihrem Einfluß. Dadurch änderten sich die Selektionsbedingungen von Grund auf.

Der Selektionsdruck in der Evolution des Menschen

Der moderne Mensch ist das Produkt dieser Evolutionssymbiose. Unter jeder anderen Hypothese bliebe seine Entwicklung unverständlich. Ein jegliches Lebewesen ist zugleich ein Fossil. Es trägt in sich – und bis in die mikroskopische Struktur seiner Eiweißstoffe hinein – die Spuren, vielleicht sogar die Male seiner Herkunft. Das gilt für den Menschen noch viel stärker als für jede andere Tierart, weil er der Erbe einer doppelten Evolution ist – der natürlichen und der »ideellen« Evolution.

Man kann sich denken, daß die Evolution der Ideen durch einige hunderttausend Jahre der physischen Evolution nur wenig vorausgeeilt ist, weil sie eingeschränkt wurde durch die geringe Entwicklung eines Kortex, der lediglich fähig war, direkt mit dem unmittelbaren Überleben verknüpfte Ereignisse vorherzusehen. Daraus ergab sich der starke Selektionsdruck, der auf die Entstehung des Simulationsvermögens und der Sprache drängen sollte, die dessen Operationen zum Ausdruck brachte. Deshalb auch ist diese Evolution so überraschend schnell verlaufen, wie sich an den fossilen Schädelfunden zeigt.

Doch mußte in dem Maße, wie diese gemeinsame Evolution fortschritt, die geistige Komponente immer unabhängiger werden gegenüber den Einschränkungen, die ihrerseits durch die Entwicklung des Zentralnervensystems nach und nach aufgehoben wurden. Aufgrund dieser Evolution konnte der Mensch seine Herrschaft über das außermenschliche Universum ausdehnen und brauchte weniger unter den Gefahren zu leiden, die es für ihn enthielt. Der Selektionsdruck, der die erste Evolutionsphase gelenkt hatte, konnte daher nachlassen; er nahm jedenfalls einen anderen Charakter an. Da der Mensch von nun an seine Umwelt beherrschte, hatte er keinen anderen ernsthaften Gegner mehr vor sich als sich selbst. Von jetzt ab wurde der unmittelbare, intraspezifische Kampf auf Leben und Tod zu einem der wichtigsten Selektionsfaktoren innerhalb der menschlichen Art. In der tierischen Evolution tritt die Erscheinung des intraspezifischen Kampfes äußerst selten auf. Heute ist bei den Tieren der Krieg innerhalb der Art zwischen verschiedenen Rassen oder Gruppen unbekannt. Bei den großen Säugetieren hat der zwischen den Männchen sehr häufig stattfindende Einzelkampf nur selten den Tod des Besiegten zur Folge. Alle Fachgelehrten sind sich darin einig, daß der direkte Kampf – Spencers »struggle for life« – in der Evolution der Arten nur eine untergeordnete Rolle gespielt hat. Das gilt jedoch nicht für den Menschen. Zumindest von einer bestimmten Stufe der Entwicklung und Ausdehnung der Art an hat der Stammes- und Rassenkrieg offensichtlich eine bedeutende Rolle als Evolutionsfaktor gespielt. Es ist sehr gut möglich, daß der Neanderthaler-Mensch durch einen brutalen Massenmord verschwunden ist, den unser Vorfahre, der *homo sapiens*, begangen hat. Es sollte nicht der letzte sein: in der Geschichte sind genügend Massenmorde bekannt.

In welche Richtung mußte dieser Selektionsdruck die menschliche Entwicklung drängen? Selbstverständlich hat er die Ausdehnung jener Rassen fördern können, die mit Intelligenz, Phantasie, Zähigkeit und Ehrgeiz am besten ausgestattet waren. Er mußte jedoch gleichfalls den Zusammenhalt der Horde und die Aggressivität der Gruppe nach außen in noch stärkerem Maße begünstigen als den Mut des Einzelnen, die Achtung der Stammesgesetze mehr noch als die Initiative.

Ich stimme allen Einwänden zu, die man gegen dieses vereinfachende Schema erheben wird. Ich habe nicht die Absicht, die menschliche Evolution in zwei unterschiedliche Phasen einzuteilen. Ich habe nur versucht, die hauptsächlichen Ausprägungen des Selektionsdruckes aufzuzählen, die nicht nur in der kulturellen, sondern auch in der physischen Evolution des Menschen eine gewiß sehr große Rolle gespielt haben. Der wichtige Punkt dabei ist, daß die kulturelle Evolution während dieser Hunderttausende von Jahren einen Einfluß auf die körperliche Entwicklung nehmen mußte. Viel stärker noch als bei jedem anderen Tier wird beim Menschen gerade aufgrund seiner unendlich viel größeren Autonomie der Selektionsdruck durch das *Verhalten* in seiner *Richtung* bestimmt. Und von der Zeit an, da das Verhalten nicht mehr hauptsächlich automatisch, sondern durch die Kultur gesteuert wurde, mußten die kulturellen Eigentümlichkeiten einen Druck auf die Evolution des Genoms ausüben. Das ging jedoch nur bis zu dem Augenblick, wo sich wegen der zunehmenden Geschwindigkeit der Kulturentwicklung diese und die genetische Evolution vollständig voneinander lösen sollten.

Es liegt auf der Hand, daß diese beiden Entwicklungen in den modernen Gesellschaften völlig voneinander gelöst sind. Hier ist die Selektion aufgehoben worden. Sie hat zumindest nichts »Natürliches« im Darwinschen Sinne mehr. Wenn in unseren Gesellschaften noch eine gewisse Selektion stattfindet, dann fördert sie nicht mehr das »Überleben des Tüchtigsten«, das heißt in moderneren Worten: das *genetische* Überleben dieses »Tüchtigsten« in einer größeren Nachkommenschaft. Intelligenz, Ehrgeiz, Mut und Phantasie sind in den modernen Gesellschaften gewiß immer noch Erfolgsfaktoren. Aber es handelt sich dabei um den *persönlichen* und nicht den *genetischen* Erfolg, der allein für die Evolution zählt. Die Statistiken zeigen ganz im Gegenteil, wie allgemein bekannt ist, daß zwischen dem Intelligenzquotienten (beziehungsweise dem kulturellen Niveau) und der durchschnittlichen Kinderzahl pro Elternpaar eine negative Korrelation besteht. Darüberhinaus geht aus den gleichen Statistiken hervor, daß bezüglich des Intelligenzquotienten unter Ehegatten eine starke positive Korrelation besteht. In dieser Situation liegt die Gefahr, daß das beste Erbgut sich nach und nach bei einer Elite sammelt, deren Umfang immer mehr schrumpfen wird.

Es geht noch weiter: In einer noch nicht lange zurückliegenden Zeit wurden selbst in den relativ »fortgeschrittenen« Gesellschaften die körperlich und geistig weniger Tüchtigen automatisch und unerbittlich ausgeschieden. Die Mehrheit erreichte nicht das Pubertätsalter. Heute leben

Die Gefahr der genetischen Entartung in der modernen Gesellschaft

viele dieser erblich Schwachen lange genug, um sich vermehren zu können. Gegen den Verfall, der unvermeidlich wird, wenn die natürliche Auslese aufgehoben ist, schützte sich die Art durch einen Mechanismus, der heute dank der Fortschritte der sozialen Einsicht und der Sozialethik höchstens noch bei den allerschwersten Erbschäden wirksam wird.

Oft ist auf diese Gefahren hingewiesen worden, und man hat ihnen manchmal die Heilmittel entgegengehalten, die man von den neuesten Fortschritten der molekularen Genetik erwartete. Diese falsche Hoffnung, die von einigen Halbgebildeten verbreitet wird, muß zerstreut werden. Zweifellos wird man einige Erbfehler abstellen können, *doch nur bei dem betroffenen Individuum,* nicht aber in seiner Nachkommenschaft. Die moderne Molekulargenetik stellt uns *kein Mittel* zur Verfügung, mit dem wir auf das Erbgut einwirken könnten, um es mit neuen Qualitäten anzureichern und einen genetischen »Übermenschen« zu schaffen; sie zeigt im Gegenteil, wie eitel eine derartige Hoffnung ist: Der mikroskopische Maßstab des Genoms verbietet vorerst und ohne Zweifel auch in aller Zukunft solche Manipulationen. Abgesehen von den Hirngespinsten der *science-fiction* bestünde das einzige Mittel zur »Verbesserung« der menschlichen Art darin, eine bewußte und strenge Selektion zu treffen. Aber wer würde das wollen, wer würde das wagen? Es steht fest, daß die in den fortgeschrittenen Gesellschaften herrschenden Bedingungen einer Nicht-Auslese oder einer Gegenauslese für die Art eine Gefahr darstellen. Zu einer sehr ernsten Gefahr werden sie jedoch erst auf lange Sicht – vielleicht in zehn oder fünfzehn Generationen, in einigen hundert Jahren. Die heutigen Gesellschaften werden nun aber von unvergleichlich viel dringenderen und schwereren Gefahren bedroht.

Ich spreche hier nicht von der Bevölkerungsexplosion, von der Zerstörung der Natur oder gar von den Megatonnen-Bomben, sondern von einem sehr viel tieferen und ernsteren Übel, einer geistigen Not. Sie entstand durch die entscheidende Wende in der Entwicklung des Geistes und verschärft sich unaufhörlich. Die erstaunliche Entfaltung der Erkenntnis seit dreihundert Jahren zwingt den Menschen heute, die seit Zehntausenden von Jahren tief verwurzelte Vorstellung, die er sich von sich selbst und seinem Verhältnis zur Welt gemacht hat, einschneidend zu revidieren.

Indessen erwächst uns all dies – die geistige Not wie die Gewalt der Megatonnen – aus einem einfachen Gedanken: Die Natur ist objektiv, und wahre Erkenntnis kann nur aus der systematischen Gegenüberstellung von Logik und Erfahrung stammen. Es ist heute schwerlich zu fassen, warum dieser so einfache und klare Gedanke erst hunderttausend Jahre nach dem Hervortreten des *homo sapiens* in aller Deutlichkeit im Reich der Ideen hat auftauchen können; man kann kaum verstehen, warum so hoch entwickelte Kulturen wie die chinesische diesen Gedanken nicht gekannt haben und ihn erst vom Westen lernen mußten; noch ist es begreiflich, warum es im Abendland von Thales und Pythagoras bis zu Galilei, Descartes und Bacon fast 2500 Jahre hat dauern müssen, bis dieser Gedanke, der bis dahin nur in der Anwendung der mechanischen Künste enthalten war, endlich hervortrat.

Die Selektion der Ideen

Für einen Biologen ist es verlockend, die Evolution der Ideen mit der Evolution der belebten Natur zu vergleichen. Wenn auch das Reich des Abstrakten viel weiter noch über die belebte Natur hinausgeht, als diese die unbelebte Welt überschreitet, so haben doch die Ideen einige der Eigenschaften von Organismen behalten. Wie diese wollen sie ihre Struktur fortpflanzen und vermehren, wie diese können sie ihren Inhalt vermischen, rekombinieren und wieder abtrennen, wie diese haben sie schließlich eine Evolution, und in dieser Evolution spielt die Selektion ohne jeden Zweifel eine große Rolle. Ich gehe nicht so weit, von einer Selektionstheorie der Ideen zu sprechen. Aber man kann mindestens versuchen, einige der Hauptfaktoren zu bestimmen, die dabei eine Rolle spielen. Diese Selektion muß notwendig auf zwei Ebenen vor sich gehen: auf der Ebene des Geistes und auf der Ebene der Wirkung.

Der Wirkungsgrad einer Idee hängt von der Verhaltensänderung ab, die sie beim Einzelnen oder bei der Gruppe herbeiführt, wenn diese die Idee annehmen. Wenn eine Idee von einer Gruppe von Menschen angenommen wird und ihr mehr Zusammenhalt, mehr Zielstrebigkeit und mehr Selbstvertrauen vermittelt, dann verleiht sie ihr damit auch eine gesteigerte Expansionskraft, wodurch dann andererseits die Verbreitung der Idee gesichert wird. Der Verbreitungsgrad der Idee steht in keiner notwendigen Beziehung zu dem Anteil objektiver Wahrheit, den sie enthalten mag. Die verstärkte Macht, die für eine Gesellschaft in einer religiösen Ideologie liegt, hängt nicht eigentlich von deren Struktur ab, sondern davon, daß diese Struktur angenommen worden ist, daß sie sich durchsetzt. Deshalb läßt sich auch das Durchsetzungsvermögen einer solchen Idee nur schwer von ihrer Wirkungskraft trennen.

Das eigentliche Durchsetzungsvermögen einer Idee ist sehr viel schwieriger festzustellen. Sagen wir so, daß es von den geistigen Strukturen abhängt, auf die eine Idee trifft, und damit auch von den Ideen, die diese Kultur zuvor schon gefördert hat; es hängt aber sicher ebenso von gewissen angeborenen Strukturen ab, die zu identifizieren uns im übrigen ziemlich schwerfällt. Aber es ist deutlich zu erkennen, daß jene Ideen das größte Durchsetzungsvermögen haben, die den Menschen dadurch *erklären,* daß sie ihm seinen Platz in einem notwendigen Schicksalsablauf zuweisen, wo seine Angst sich löst.

Das Erklärungsbedürfnis

Einige hunderttausend Jahre lang stimmte das Schicksal eines Menschen mit dem Los seiner Horde, seines Stammes überein, außerhalb dessen er nicht überleben konnte. Der Stamm konnte nur überleben und sich verteidigen durch seinen Zusammenhalt. Deshalb hatten die Gesetze, mit deren Hilfe die Geschlossenheit des Stammes organisiert und garantiert wurde, eine so ungeheure Gewalt über die einzelnen. Vielleicht konnte der Mensch die Gesetze manchmal übertreten, aber sicher hätte niemand daran gedacht, sie in Frage zu stellen. Bei der immensen Bedeutung, die derartige Sozialstrukturen für die Selektion notwendig annehmen mußten und die sie während so langer Zeiträume innehatten, kommt man schwerlich um den Gedanken herum, daß sie die genetische Evolution der angeborenen Kategorien des menschlichen Gehirns beeinflußt haben müssen. Durch diese Evolution mußte nicht nur die Bereitschaft gesteigert werden, das Stammesgesetz zu akzeptieren; sie mußte auch das *Bedürfnis* wecken, es durch eine mythische Erklärung zu begründen und ihm dadurch Herrschaftsgewalt zu verleihen. Wir sind die Nachfahren dieser Menschen. Von ihnen haben wir zweifellos das Bedürfnis nach einer Erklärung geerbt – jene Angst, die uns zwingt, den Sinn des Daseins zu erforschen. Diese Angst ist die Schöpferin aller Mythen, aller Religionen, aller Philosophien und selbst der Wissenschaft.

Was mich angeht, so zweifle ich kaum daran, daß dieses gebieterische Bedürfnis angeboren ist, daß es irgendwo in der Sprache des genetischen Code verzeichnet steht und sich spontan entwickelt. Außerhalb der menschlichen Gattung findet man nirgendwo im Tierreich sehr hoch differenzierte Sozialorganisationen, es sei denn bei bestimmten Insekten: den Ameisen, den Termiten und den Bienen. Die Stabilität der Institutionen hängt bei den sozial lebenden Insekten fast überhaupt nicht von einem kulturellen Erbe, völlig dagegen von der genetischen Überlieferung ab. Das soziale Verhalten ist gänzlich angeboren und automatisch.

Beim Menschen sind die gesellschaftlichen Institutionen rein kulturbedingt und werden niemals eine derartige Stabilität erreichen können. Wer wollte das übrigens auch wünschen? Die Erfindung der Mythen und Religionen und die Errichtung gewaltiger philosophischer Systeme waren der Preis, um den der Mensch als soziales Lebewesen hat überleben können, ohne sich einem reinen Automatismus zu unterwerfen. Aber das bloß kulturelle Erbe allein war nicht sicher und nicht stark genug, um die sozialen Strukturen abzustützen. Es brauchte eine genetische Unterlage, damit daraus die Nahrung wurde, die der Geist benötigt. Wäre es nicht so, wie wollte man erklären, daß die Religion bei unserer gesamten Art den Gesellschaftsstrukturen zugrunde liegt? Wie wollte man im übrigen erklären, daß in der unermeßlichen Vielfalt der Mythen, Religionen und philosophischen Lehren stets die gleiche Grund-»Form« wiederkehrt?

Es ist unschwer zu sehen, daß alle die »Erklärungen«, die das Gesetz begründen und die Angst beschwichtigen sollen, »Geschichten« oder genauer: Ontogenien, Entwicklungsgeschichten sind. Die ersten Mythen beziehen sich fast alle auf mehr oder weniger göttliche Helden, mit deren großer Tat die Entstehung der Gruppe erklärt und ihre Sozialstruktur auf unantastbare Traditionen gegründet wird: denn man arbeitet die Geschichte nicht um. Die gro-

Mythische und metaphysische Ontogenien

ßen Religionen haben die gleiche Form; sie besteht in der Lebensgeschichte eines begnadeten Propheten, der, wenn er nicht selber der Begründer aller Dinge ist, für diesen spricht und die Geschichte wie die Bestimmung der Menschen verkündet. Von allen großen Religionen ist die jüdisch-christliche in ihrem historischen Aufbau sicherlich die »primitivste«; sie knüpft, bevor sie durch einen göttlichen Propheten bereichert wird, direkt an die Heldentat eines Beduinenstammes an. Der Buddhismus ist dagegen viel differenzierter und knüpft in seiner ursprünglichen Gestalt ausschließlich an das Karma an, das transzendentale Gesetz, das das Schicksal des Einzelnen regiert. Er ist mehr eine Geschichte der Seelen als eine Geschichte der Menschen.

Von Platon bis Hegel und Marx bieten die großen philosophischen Systeme alle eine gesellschaftliche Ontogenese, die zugleich explikativer und normativer Natur ist. Bei Platon ist es freilich eine Entstehungsgeschichte im umgekehrten Sinne; er sieht in der Geschichte nur einen allmählichen Verfall der idealen Formen, und in der »Republik« will er schließlich eine Maschine in Gang setzen, mit der sich die Zeit zurückdrehen läßt.

Für Marx wie für Hegel läuft die Geschichte nach einem immanenten, notwendigen und positiven Plan ab. Daß die marxistische Ideologie einen so ungeheuren Einfluß auf die Geister hat, ist nicht allein darauf zurückzuführen, daß sie das Versprechen einer Befreiung des Menschen enthält, sondern auch und sicherlich vor allem darauf, daß sie eine Ontogenese enthält, daß sie eine vollständige und detaillierte Erklärung der vergangenen, gegenwärtigen und zukünftigen Geschichte gibt. Beschränkt auf die menschliche Geschichte und selbst mit den Sicherheiten der »Wissenschaft« ausstaffiert, blieb der historische Materialismus etwas Bruchstückhaftes. Es mußte der dialektische Materialismus hinzutreten, der seinerseits die umfassende Erklärung liefert, die der Geist benötigt: Die Geschichte des Menschen und die des Kosmos sind darin vereint, als gehorchten sie beide den gleichen ewigen Gesetzen.

Wenn es stimmt, daß das Bedürfnis nach einer umfassenden Erklärung angeboren ist und daß das Fehlen einer solchen Erklärung eine Ursache tiefer Angst ist; wenn die Angst nur durch eine Erklärung beschwichtigt werden kann, die in Gestalt einer umfassenden Geschichte die Bedeutung des Menschen aufzeigt, indem sie ihm einen notwendigen Platz in den Plänen der Natur zuweist; wenn die »Erklärung«, um den Eindruck einer wirklichen, bedeutsamen und beruhigenden Erklärung zu machen, aus der langen animistischen [1] Tradition hervorgehen muß – dann ist es begreiflich, daß so viele Tausende von Jahren vergehen mußten, bis die Idee der objektiven Erkenntnis als der *einzigen* Quelle authentischer Wahrheit im Reich der Ideen erschien.

Diese strenge und nüchterne Idee, die keine Erklärung bietet, sondern einen asketischen Verzicht auf jede weitere geistige Nahrung fordert, konnte die angeborene Angst nicht beruhigen; im Gegenteil – sie steigerte die Angst aufs höchste. Sie wollte eine hunderttausendjährige, ganz dem menschlichen Wesen assimilierte Tradition mit einem Schlage auslöschen; sie hob den Alten animistischen Bund des Menschen mit der Natur auf und hinterließ anstelle dieser unersetzlichen Verbindung nur ein ängstliches Suchen in einer eisigen, verlorenen Welt. Wie konnte eine solche Idee, für die nichts als eine puritanische Anmaßung zu

Die Aufhebung des »Alten« animistischen »Bundes« und die geistige Not der Neuzeit

---

[1] Es sollte vielleicht erneut betont werden, daß ich dieses Adjektiv in einem besonderen, in Kapitel II definierten Sinne verwende (vgl. S. 38).

sprechen schien, akzeptiert werden? Sie ist nicht akzeptiert worden, bis heute noch nicht. Wenn sie sich trotzdem durchgesetzt hat, dann allein aufgrund ihrer erstaunlichen Leistungsfähigkeit.

In drei Jahrhunderten hat die durch das Objektivitätspostulat begründete Wissenschaft ihren Platz in der Gesellschaft erobert: in der Praxis wohlgemerkt, aber nicht im Geiste der Menschen. Die moderne Gesellschaft ist auf der Grundlage der Wissenschaft errichtet; ihr verdankt sie ihren Reichtum, ihre Macht und die Gewißheit, daß dem Menschen morgen, so er will, noch viel größere Reichtümer und Möglichkeiten zur Verfügung stehen können. So wie eine grundlegende »Entscheidung« in der biologischen Evolution einer Art die Zukunft ihrer gesamten Nachkommenschaft festlegen kann, hat aber die ursprünglich unbewußte Entscheidung für eine wissenschaftliche *Praxis* die Entwicklung der Kultur ebenfalls in eine Einbahnstraße gelenkt. Der »wissenschaftliche« Fortschrittsglaube des 19. Jahrhunderts meinte, diese Bahn müsse unfehlbar zu einer wunderbaren Entfaltung der Menschheit führen; wir sehen heute, wie ein finsterer Abgrund sich vor uns auftut.

Die Gesellschaft der Neuzeit hat die Reichtümer und Möglichkeiten akzeptiert, welche die Wissenschaft ihr eröffnete. Doch die wichtigste Botschaft der Wissenschaft hat sie nicht akzeptiert, sie hat sie kaum wahrgenommen: daß eine neue und ausschließliche Quelle der Wahrheit bestimmt worden ist; daß die Grundlagen der Ethik einer totalen Revision bedürfen; daß mit der animistischen Tradition radikal gebrochen werden muß; daß der »Alte Bund« definitiv aufzugeben und ein neuer Bund zu schmieden ist. Unsere Gesellschaft ist mit allen Möglichkeiten ausgerüstet, die die Wissenschaft ihr gibt, sie genießt alle Reichtümer, die ihr die Wissenschaft schenkt, aber sie versucht noch, Wertsysteme zu praktizieren und zu lehren, die schon an der Wurzel durch eben diese Wissenschaft zerstört sind.

Vor unserer Gesellschaft hat keine andere eine ähnliche Zerrissenheit erlebt. In den primitiven wie in den klassischen Kulturen fielen die Quellen der Erkenntnis und der Wertvorstellungen in der animistischen Überlieferung zusammen. Zum erstenmal in der Geschichte soll eine Zivilisation entstehen, die auf den überlieferten Animismus als Quelle der Erkenntnis, als Ursprung der *Wahrheit* verzichtet, aber in der Begründung ihrer Wertvorstellungen hoffnungslos an ihn gebunden bleibt. Die »liberalen« Gesellschaften des Westens verkünden als Grundlage ihrer Moral nach außen immer noch eine abstoßende Mischung aus jüdisch-christlicher Religiosität, »wissenschaftlicher« Fortschrittsgläubigkeit, »natürlichen« Menschenrechten und utilitaristischem Pragmatismus. Die marxistischen Gesellschaften bekennen sich noch immer zur materialistischen und dialektischen Religion der Geschichte. Ihre moralische Verfassung ist anscheinend solider als jene der liberalen Gesellschaften, aber auch verletzlicher – vielleicht gerade wegen der Strenge, die bisher ihre Stärke ausgemacht hat. Ungeachtet dessen lassen sich alle diese im Animismus verwurzelten Systeme nicht mit der objektiven Erkenntnis und der Wahrheit vereinbaren; sie stehen der Wissenschaft gleichgültig und schließlich sogar *feindselig* gegenüber: sie wollen sich die Wissenschaft zunutze machen, aber sie wollen sie nicht respektieren und ihr dienen. So groß ist die Kluft und so offenkundig die Lüge, daß es das Gewissen eines jeden Menschen quält und zerreißt, der über einige Kultur und Intelligenz verfügt und von jener moralischen Angst nicht losgelassen wird, die die Ursache allen Schaffens ist. Das trifft alle jene, die für die Entwicklung der

Gesellschaft und der Kultur Verantwortung tragen oder tragen werden.

Die geistige Not der Moderne – das ist diese Lüge, die dem moralischen und gesellschaftlichen Dasein zugrunde liegt. Dieses mehr oder weniger undeutlich diagnostizierte Leiden ruft das Gefühl von Furcht, wenn nicht gar Haß hervor – auf jeden Fall ein Gefühl der Entfremdung, das heute so viele Menschen angesichts der wissenschaftlichen Zivilisation empfinden. Die Aversion kommt offen zumeist gegenüber den technischen Nebenprodukten der Wissenschaft zum Ausdruck: der Bombe, der Zerstörung der Natur und der bedrohlichen Bevölkerungsentwicklung. Es läßt sich natürlich leicht erwidern, daß die Technik nicht die Wissenschaft ist und daß im übrigen die Nutzung der Atomenergie bald für das Überleben der Menschheit unerläßlich sein wird; daß die Zerstörung der Natur nicht zu viel, sondern eine unzulängliche Technik verrät; daß die Bevölkerungsexplosion darauf zurückgeht, daß jedes Jahr Millionen Kinder vom Tode gerettet werden: sollte man sie wieder sterben lassen?

Was ist das für eine oberflächliche Rede, die die Anzeichen mit den tieferen Ursachen des Übels verwechselt. Die Absage richtet sich deutlich gegen die wichtigste Botschaft der Wissenschaft. Man fürchtet sich vor dem Sakrileg, vor dem Anschlag auf die Wertvorstellungen. Diese Furcht ist völlig gerechtfertigt. Es ist schon richtig, daß die Wissenschaft die Wertvorstellungen antastet. Nicht direkt zwar, denn sie gibt keine Urteile über sie ab und *soll* sie auch ignorieren; aber sie zerstört alle mythischen oder philosophischen Ontogenien, auf denen für die animistische Tradition – von den australischen Ureinwohnern bis zu den materialistischen Dialektikern – die Werte, die Moral, die Pflichten, Rechte und Verbote beruhen sollten.

Wenn er diese Botschaft in ihrer vollen Bedeutung aufnimmt, dann muß der Mensch endlich aus seinem tausendjährigen Traum erwachen und seine totale Verlassenheit, seine radikale Fremdheit erkennen. Er weiß nun, daß er seinen Platz wie ein Zigeuner am Rande des Universums hat, das für seine Musik taub ist und gleichgültig gegen seine Hoffnungen, Leiden oder Verbrechen.

Aber wer bestimmt denn, was ein Verbrechen ist? Wer benennt das Gute und das Böse? In allen überlieferten Systemen gingen die Ethik und die Wertvorstellungen über die Verstandeskraft des Menschen hinaus. Er war nicht Herr über die Werte: Sie waren ihm aufgezwungen, und er war ihnen unterworfen. Nun weiß er, daß sie allein seine Sache sind, und macht er sie sich schließlich untertan, dann scheinen sie sich in der gleichgültigen Leere des Universums aufzulösen. Darum wendet der moderne Mensch sich von der Wissenschaft ab oder vielmehr gegen sie; er kann jetzt ihre schreckliche Zerstörungskraft ermessen, die sich nicht nur gegen den Leib, sondern gerade gegen den Geist richtet.

Wo ist Abhilfe? Muß man ein für allemal zugeben, daß die objektive Wahrheit und die Lehre von den Werten auf ewig getrennte Bereiche bleiben, die nichts miteinander zu tun haben? Diese Einstellung scheint bei einem großen Teil der modernen Denker vorzuherrschen, seien sie nun Schriftsteller, Philosophen oder selbst Wissenschaftler. Ich halte sie nicht nur für unannehmbar für die meisten Menschen, bei denen sie nur die Angst aufrechterhalten und schüren kann, sondern für absolut falsch, und zwar aus zwei wichtigen Gründen: Zunächst natürlich, weil Wertvorstellungen und Erkenntnis im Handeln wie in der Rede immer und

Die Wertvorstellungen und die Erkenntnis

notwendig miteinander verknüpft werden; dann und vor allem, weil *schon die Definition der »wahren« Erkenntnis letzten Endes auf einer ethischen Forderung beruht.*

Jeder dieser beiden Punkte verlangt eine kurze Ausführung. Die Ethik und die Erkenntnis werden unvermeidlich im Handeln und durch das Handeln miteinander verbunden. Das Handeln bringt *gleichzeitig* das Wissen und die Werte ins Spiel. Jede Handlung drückt eine Ethik aus, dient bestimmten Werten oder ist ihnen abträglich, stellt eine Wertentscheidung dar oder gibt es vor. Andererseits aber setzt jede Handlung notwendig ein Wissen voraus, und umgekehrt ist die Handlung eine der beiden unerläßlichen Quellen der Erkenntnis.

In einem animistischen System entsteht kein Konflikt durch die gegenseitige Durchdringung von Ethik und Erkenntnis, denn der Animismus vermeidet jegliche scharfe Unterscheidung zwischen diesen beiden Kategorien: Er betrachtet sie als zwei Aspekte einer Wirklichkeit. Eine derartige Haltung offenbart sich in der Vorstellung einer Sozialethik, die auf angeblichen »Naturrechten« des Menschen gründet; noch viel systematischer und deutlicher zeigt sie sich jedoch in den Versuchen, die unausgesprochene Moral des Marxismus explizit zu machen.

In dem Augenblick, wo die Forderung der Objektivität als der notwendigen Bedingung für jegliche Wahrheit der Erkenntnis erhoben wird, wird eine radikale Trennung zwischen den Bereichen der Ethik und der Erkenntnis eingeführt, die für die Erforschung der Wahrheit auch unerläßlich ist. Die eigentliche Erkenntnis ist über jegliches Werturteil, das sich nicht auf den »erkenntnistheoretischen Wert« bezieht, erhaben, während die ihrem Wesen nach *nicht objektive* Ethik für immer vom Objektbereich der Erkenntnis ausgeschlossen ist.

Die Wissenschaft entstand dadurch, daß die radikale Unterscheidung dieser beiden Bereiche zum Axiom erhoben wurde. Wenn dieses einmalige Ereignis in der Kulturgeschichte sich eher im christlichen Abendland als innerhalb einer anderen Kultur vollzogen hat, so bin ich versucht, an dieser Stelle anzumerken, daß dies vielleicht teilweise darauf zurückgeht, daß die Kirche zwischen den Bereichen des Heiligen und des Profanen einen grundlegenden Unterschied machte. Durch diese Unterscheidung wurde es nicht nur der Wissenschaft ermöglicht, sich ihren eigenen Weg zu suchen (unter der Bedingung, daß sie nicht in den sakralen Bereich eindrang); durch die Unterscheidung wurde der Geist auch auf die sehr viel radikalere Unterscheidung vorbereitet, die mit dem Objektivitätsgrundsatz aufgestellt wurde. Dem Abendländer mag es einige Mühe bereiten zu begreifen, daß es den Unterschied zwischen dem Sakralen und dem Profanen für manche Religionen nicht gibt und nicht geben kann. Für den Hinduismus gehört alles zum Bereich des Heiligen; schon der Begriff des »Weltlichen« ist ihm unverständlich.

Kommen wir nach dieser Abschweifung zur Sache zurück. Durch die Forderung nach Objektivität wurde der »Alte Bund« aufgehoben und damit gleichzeitig jegliche Verwechslung oder Vermischung von Erkenntnis- und Werturteilen untersagt. Es gilt jedoch weiterhin, daß diese beiden Kategorien im Handeln und damit auch in der Rede unvermeidlich miteinander verknüpft werden. Um unserem Grundsatz treu zu bleiben, bestimmen wir daher, daß eine Rede (oder ein Handeln) nur dann (oder in dem Maße) als gültig, als authentisch betrachtet werden soll, wenn (oder wie) es die Unterscheidung der beiden Kategorien, die es miteinander verbindet, deutlich macht und aufrechterhält. So definiert, wird der Begriff der Authentizität zu dem Bereich, in dem Ethik und Erkenntnis sich treffen, in dem die Wertungen und die Wahrheit sich miteinander verbinden, aber nicht vermischen, wo sie dem Menschen, der aufmerksam ihre Untertöne wahrnimmt, ihre volle Bedeutung enthüllen. Die nichtauthentische Rede, in der die beiden Kategorien miteinander vermengt, nicht auseinandergehalten werden, kann umgekehrt nur zum schlimmsten Unsinn und zur frevelhaftesten Lüge führen, selbst wenn sie ungewollt sind.

Es ist ganz deutlich, daß diese gefährliche Verquickung systematisch und immer wieder in der »politischen« Rede (»Rede« verstehe ich hier immer im Sinne von Descartes' »Discours«) vollzogen wird, und zwar nicht nur von den Berufspolitikern. Selbst Wissenschaftler zeigen sich außerhalb ihres Gebietes oft in gefährlicher Weise unfähig, zwischen Wertkategorien und Erkenntniskategorien zu unterscheiden.

Aber kehren wir nach dieser weiteren Abschweifung zu den Quellen der Erkenntnis zurück. Der Animismus, so hatten wir gesagt, kann und will übrigens auch nicht eine absolute Unterscheidung zwischen Erkenntnisaussagen und Werturteilen treffen; denn welchen Sinn hätte eine derartige Unterscheidung, wenn man unterstellt, daß im Universum eine zwar verborgene, aber doch vorhandene Absicht herrscht? In einem objektiven System ist dagegen jegliche Vermischung von Erkenntnis und Wertung *verboten*. Aber dieses Verbot, dieses »erste Gebot«, durch das die objektive Erkenntnis begründet wird, ist selber nicht objektiv und kann es nicht sein: Es ist eine moralische Regel, eine *Verhaltensvorschrift*. (Hierin liegt grundsätzlich das logische Verbindungsglied zwischen Erkenntnis und Wertung.) Die wahre Erkenntnis kennt keine Wertung, doch um sie zu begründen, bedarf es eines Werturteils oder vielmehr eines wertenden *Axioms*. Die Aufstellung des Objektivitätspostulats als Bedingung wahrer Erkenntnis stellt offensichtlich *eine ethische Entscheidung und nicht ein Erkenntnisurteil* dar, denn *dem Postulat zufolge konnte es vor dieser unausweichlichen Entscheidung keine »wahre« Erkenntnis geben*. Das Objektivitätspostulat stellt die *Norm* für die Erkenntnis auf und legt dafür einen *Wert* fest, der in der objektiven Erkenntnis selbst besteht. Wenn man das Objektivitätspostulat akzeptiert, dann trifft man folglich das grundlegende Urteil einer Ethik – der *Ethik der Erkenntnis*.

In der Ethik der Erkenntnis wird *die Erkenntnis durch die ethische Entscheidung für einen grundlegenden Wert begründet*. Darin liegt ein radikaler Unterschied zu den animistischen Systemen der Ethik, die alle dadurch begründet sein wollen, daß sie für den Menschen zwingende religiöse oder »natürliche« Gesetze »erkennen«. Die Ethik der Erkenntnis zwingt sich dem Menschen nicht auf; es ist im Gegenteil *der Mensch, der sie sich selbst auferlegt,* indem er sie *axiomatisch* zur Bedingung für die Authentizität, die Wahrhaftigkeit aller Rede und allen Handelns macht. Die »Abhandlung über die Methode« (»Discours de la Méthode«) von Descartes enthält eine normative Erkenntnistheorie, doch muß man sie auch und vor allem als eine moralische Meditation verstehen, als eine Askeseübung des Geistes.

Die Ethik der Erkenntnis

Die authentische Rede nun begründet die Wissenschaft und gibt dem Menschen jene ungeheuren Möglichkeiten in die Hand, die ihn heute bereichern und bedrohen, die ihm Freiheit geben, aber ihn ebenso unterjochen können. Die moderne Gesellschaft ist von der Wissenschaft durchwoben; sie lebt von deren Produkten und ist davon so abhängig geworden wie ein Süchtiger von der Droge. Ihre materielle

Stärke verdankt sie jener Ethik, die die Erkenntnis begründet, ihre moralische Schwäche jenen Wertsystemen, auf die sie sich noch immer zu berufen versucht und die durch die Erkenntnis selbst zerstört wurden. Dieser Widerspruch ist tödlich; er reißt jenen Abgrund auf, der sich unter unseren Füßen öffnet. Allein die Ethik der Erkenntnis, durch die die Welt von heute geschaffen wurde, läßt sich mit dieser Welt vereinbaren; allein diese Ethik kann, wenn sie einmal verstanden und akzeptiert worden ist, die Entwicklung dieser Welt lenken.

Doch kann diese Ethik jemals verstanden und akzeptiert werden? Wenn es – wie ich glaube – wahr ist, daß die Angst vor der Verlassenheit und das Bedürfnis nach einer zwingenden, umfassenden Erklärung angeboren sind und daß dieses aus der Tiefe der Zeiten überkommene Erbe ein nicht nur kulturelles, sondern mit Sicherheit ein genetisches Erbe ist – ist es da denkbar, daß diese nüchterne, abstrakte und hochmütige Ethik die Angst beschwichtigen und das Bedürfnis stillen kann? Ich weiß es nicht; vielleicht ist es schließlich doch nicht völlig ausgeschlossen. Vielleicht hat der Mensch mehr noch als das nach einer »Erklärung«, welche die Ethik der Erkenntnis nicht vermitteln kann, das Bedürfnis, über sich selbst hinauszugehen, das Bedürfnis nach Transzendenz? Die Wirkung des großen Traumes vom Sozialismus, der noch immer in den Herzen der Menschen lebendig ist, scheint das klar zu beweisen. Kein Wertsystem kann von sich sagen, eine wirkliche Ethik darzustellen, wenn es nicht zumindest ein Ideal enthält, das über den Einzelnen so weit hinausgeht, daß seine Aufopferung für das Ideal im Notfall gerechtfertigt ist.

Die Ethik der Erkenntnis kann vielleicht, gerade weil

sie ein so hohes Ziel verfolgt, dieses Bedürfnis nach Transzendenz befriedigen. Sie legt einen überragenden Wert fest und gibt dem Menschen auf, nicht sich seiner zu bedienen, sondern ihm von nun an durch eine freie und bewußte Entscheidung dienstbar zu sein. Die Ethik der Erkenntnis ist indessen auch ein Humanismus, denn sie achtet im Menschen den Schöpfer und Bewahrer dieser Transzendenz.

In einem Sinne ist die Ethik der Erkenntnis gleichermaßen eine »Erkenntnis der Ethik«, der Antriebe und Leidenschaften, der Bedürfnisse und Grenzen des biologischen Wesens Mensch. Sie kann in ihm das nicht so sehr absurde, aber doch sonderbare und gerade aufgrund seiner Sonderbarkeit einmalige Tier erkennen; ein Wesen, das gleichzeitig zwei Herrschaften unterworfen ist: dem Reich der belebten Natur und dem Reich der Ideen; ein Wesen, das sich zugleich gepeinigt und bereichert sieht durch jenen Zwiespalt, der sich in Kunst und Dichtung und in der menschlichen Liebe ausdrückt.

Die animistischen Systeme haben im Gegensatz dazu alle mehr oder weniger den biologischen Menschen nicht zur Kenntnis nehmen wollen, sie haben ihn erniedrigt und ihm Gewalt angetan; sie haben ihn dahin bringen wollen, gewisse Merkmale, die seiner tierischen Beschaffenheit innewohnen, mit Schrecken und Abscheu an sich wahrzunehmen. Die Ethik der Erkenntnis dagegen ermutigt den Menschen, dieses Erbe zu achten und auf sich zu nehmen, es aber auch, wenn es sein muß, zu beherrschen. Was die höchsten menschlichen Eigenschaften angeht: den Mut, die Nächstenliebe, die Großmut und den schöpferischen Ehrgeiz, so gibt die Ethik der Erkenntnis zu, daß sie sozio-biologischen Ursprungs sind, sie bestätigt aber auch ihren überragenden Wert im Dienste des von ihr festgelegten Ideals.

Die Ethik der Erkenntnis und das sozialistische Ideal

Die Ethik der Erkenntnis ist schließlich in meinen Augen die zugleich rationale und bewußt idealistische Haltung, auf der allein ein wirklicher Sozialismus begründet werden könnte. Dieser große Traum des 19. Jahrhunderts lebt in den Herzen der Jugend noch immer mit schmerzlicher Heftigkeit fort – schmerzlich deshalb, weil dieses Ideal so oft verraten worden ist, und wegen der Verbrechen, die in seinem Namen begangen wurden. Es ist tragisch, doch es war vielleicht unvermeidlich, daß diese großartige Bestrebung ihren philosophischen Ausdruck nur in Gestalt einer animistischen Ideologie gefunden hat. Man erkennt leicht, daß die »geschichtlichen« Prophezeiungen, die sich auf den dialektischen Materialismus stützen, von Anfang an mit den Gefahren behaftet waren, die dann schließlich auch eingetreten sind. Der historische Materialismus beruht vielleicht in noch stärkerem Maße als die anderen animistischen Lehren auf einer totalen Verwirrung von Wert- und Erkenntniskategorien. Gerade aufgrund dieser Verwirrung kann er dann in seiner Rede, die jeder Authentizität entbehrt, proklamieren, er habe die historischen Gesetze »wissenschaftlich« festgestellt und der Mensch könne ihnen nur noch gehorchen, wolle er nicht ins Wesenlose fallen.

Auf diese kindliche, wenn nicht sogar tödliche Illusion muß ein für allemal verzichtet werden. Wie kann ein wahrer Sozialismus jemals auf einer ihrem Wesen nach unwahrhaftigen Ideologie errichtet werden – einer Karikatur der Wissenschaft, auf die sie sich nach der aufrichtigen Meinung ihrer Anhänger zu stützen vorgibt? Der Sozialismus hat nur dann eine Hoffnung, wenn er die Ideologie, die ihn seit mehr als einem Jahrhundert beherrscht, statt sie zu »revidieren«, total aufgibt.

Wo sonst soll man die Quelle der Wahrheit und die moralische Inspiration eines wirklich *wissenschaftlichen* sozialistischen Humanismus finden, wenn nicht bei den Quellen der Wissenschaft selbst – in der Ethik, welche die Erkenntnis dadurch begründet, daß sie sie in freier Entscheidung zum höchsten Wert, zum Maß und Garanten aller übrigen Werte macht? Diese Ethik begründet die moralische Verantwortlichkeit auf der Freiheit jener grundsätzlichen Entscheidung. Allein die Ethik der Erkenntnis wird, wenn man sie als Basis der gesellschaftlichen und politischen Institutionen und damit als den Maßstab ihrer Wahrheit und ihrer Geltung akzeptiert, zum Sozialismus führen können. Die von dieser Ethik verlangten Institutionen sind der Verteidigung, Erweiterung und Entfaltung des transzendenten Reiches der Ideen, der Erkenntnis und der Schöpfung gewidmet. Dieses Reich ist im Menschen, und hier würde er, von materiellen Zwängen wie auch von der Knechtschaft der animistischen Lüge immer mehr befreit, endlich sein wahres Leben entfalten können; er würde von Institutionen geschützt, die in ihm den Untertan und zugleich den Schöpfer des Reiches sähen und die ihm in seinem einmaligen, unwiederbringlichen Wesen dienen müßten.

Das ist vielleicht eine Utopie, aber es ist kein unzusammenhängender Traum. Diese Vorstellung drängt sich allein durch die Stärke ihrer logischen Geschlossenheit auf; sie ist die Schlußfolgerung, zu der die Suche nach dem Wahren unausweichlich führt. Der Alte Bund ist zerbrochen; der Mensch weiß endlich, daß er in der teilnahmslosen Unermeßlichkeit des Universums allein ist, aus dem er zufällig hervortrat. Nicht nur sein Los, auch seine Pflicht steht nirgendwo geschrieben. Es ist an ihm, zwischen dem Reich und der Finsternis zu wählen.

Anhang

I. DIE STRUKTUR DER PROTEINE

Die Proteine (oder Eiweißstoffe) sind Makromoleküle (Riesenmoleküle), die durch die lineare Polymerisierung von »Aminosäuren« genannten Substanzen entstehen. Die aus dieser Polymerisierung hervorgehende »Polypeptid«-Kette hat den folgenden allgemeinen Aufbau:

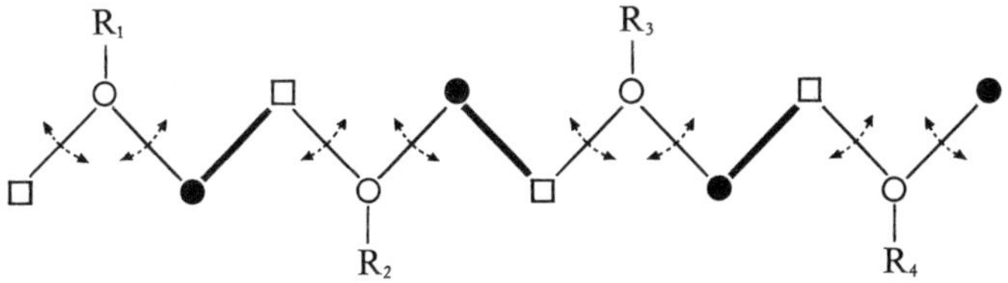

In dieser Darstellung entsprechen die Kreise und Kästchen verschiedenen Atomverbindungen (o = CH; ● = CO; □ = NH), während die Buchstaben R_1, R_2 usw. verschiedene organische Seitenketten darstellen. Tabelle 1 gibt die 20 Aminosäure-Radikale wieder, aus denen alle Proteine aufgebaut sind.

Man sieht, daß die Kette drei Typen von Atomverbindungen oder Atomgruppierungen enthält, nämlich

1. zwischen weißem Kreis und schwarzem Kreis (CH – CO);
2. zwischen weißem Kreis und Kästchen (CH – NH);
3. zwischen schwarzem Kreis und Kästchen (CO – NH).

223

TABELLE I
AMINOSÄURE = RADIKALE

I) Hydrophobe

Glycyl (*Gly*) — Alanyl (*Ala*) — Valyl (*Val*) — Leucyl (*Leu*) — Isoleucyl (*Ileu*)

Phenylalanyl (*Phe*) — Tyrosyl (*Tyr*) — Tryptophanyl (*Try*) — Prolyl (*Pro*)

Cysteinyl (*Cys*) — Methionyl (*Met*)

II) Hydrophile

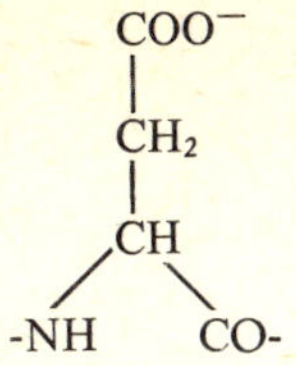

| Aspartyl | Asparagyl | Glutamyl | Glutaminyl |
| (Asp) | (AspN) | (Glu) | (GluN) |

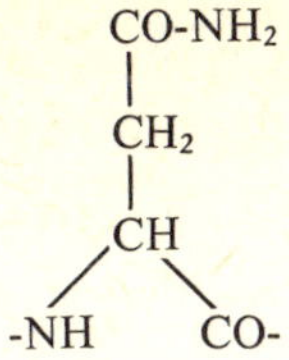

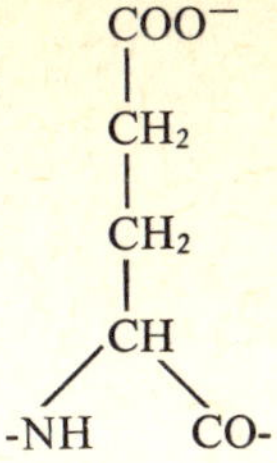

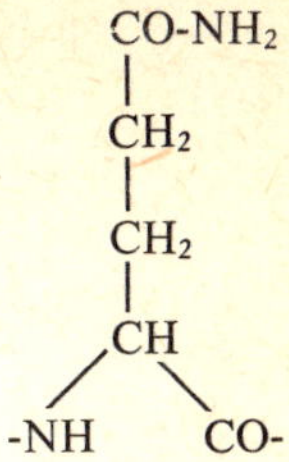

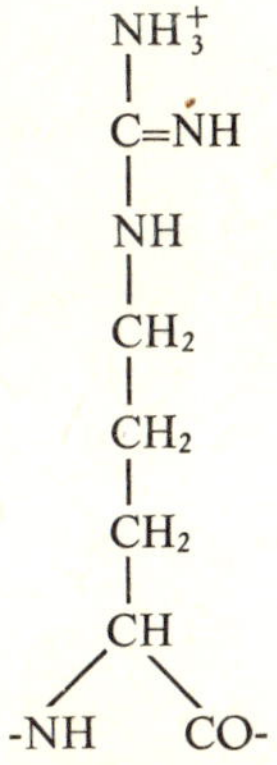

Arginyl (Arg)   Lysyl (Lys)   Histidyl (His)

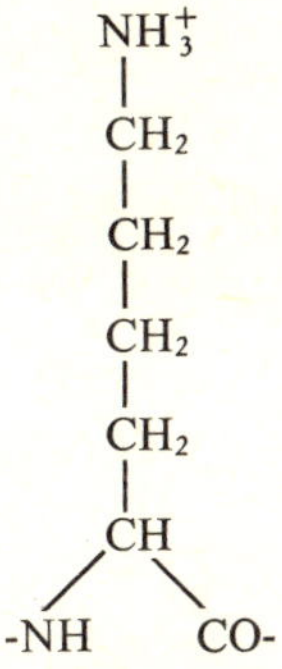

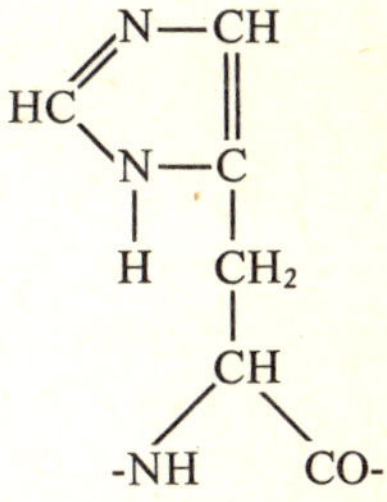

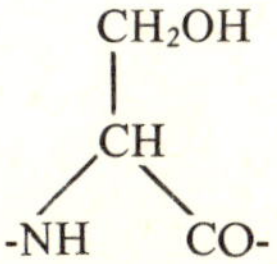

Seryl (Ser)   Threonyl (Thr)

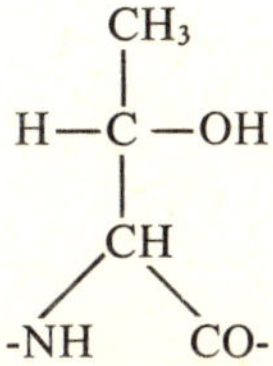

Diese letztere, die sogenannte Peptidbindung, ist verhältnismäßig starr (starke Striche in der Abbildung auf S. 223): sie immobilisiert die assoziierten Atome relativ zueinander. Im Gegensatz dazu erlauben die beiden anderen Bindungen eine unbehinderte Drehung (gestrichelte Pfeile) der Atomgruppen um ihre Verbindungslinie umeinander. Dadurch kann die Polypeptid-Kette sich in äußerst komplexer und vielfältiger Weise falten. Diese Faltungsmöglichkeiten sind grundsätzlich nur durch die gegenseitige Behinderung der Atome (besonders jener, welche die Seitenketten R_1, R_2 usw. bilden) eingeschränkt.

Bei den nativen globulären Proteinen (siehe S. 115) nehmen jedoch alle Moleküle der gleichen chemischen Art (die durch die Sequenz der Radikale in der Kette festgelegt ist) die gleiche gefaltete Konfiguration an. Die Abbildung 5 gibt schematisch den Verlauf der Polypeptid-Kette bei einem Enzym, dem Papain, wieder. Man sieht, wie komplex und scheinbar inkohärent dieser Verlauf ist.

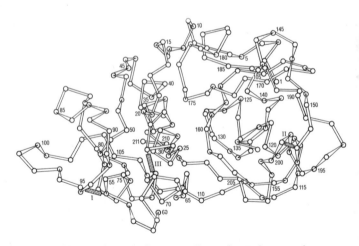

Abb. 5. Schematische Darstellung der Faltungen der Peptid-Kette beim Papain-Molekül.
(J. Drenth, J. N. Jansonius, R. Koekoek, H. M. Swen und B. G. Wolters, in: ›Nature‹ 218 [1968], S. 929–932.)

II. DIE NUKLEINSÄUREN

Die Nukleinsäuren sind Makromoleküle, die aus der linearen Polymerisierung von molekularen Einheiten hervorgehen, die man »Nukleotide« nennt.

Gebildet werden diese Nukleotide durch die Verknüpfung eines Zuckers mit einer stickstoffhaltigen Base einerseits und einem Phosphorsäure-Rest andererseits. Das Polymer entsteht vermittels der Phosphatgruppen, welche die einzelnen Zucker-Reste untereinander verbinden und auf diese Weise eine »Polynukleotid«-Kette bilden.

In der DNS (Desoxyribonukleinsäure) findet man vier Nukleotide, die sich durch die Struktur der sie bildenden stickstoffhaltigen Base unterscheiden. Diese vier Basen werden Adenin, Guanin, Cytosin und Thymin genannt und allgemein mit A, G, C und T bezeichnet. Dies sind die Buchstaben des genetischen Alphabets. Aus sterischen Gründen trachtet das Adenin (A) in der DNS danach, mit dem Thymin (T) spontan eine non-kovalente Assoziation einzugehen, so wie Guanin (G) und Cytosin (C) sich spontan assoziieren.

Die DNS wird durch *zwei* Polynukleotid-Stränge gebildet, die durch jene spezifischen, non-kovalenten Bindungen miteinander verknüpft sind. In den Doppelstrang ist das A des einen Stranges mit dem T des anderen Stranges assoziiert, das G mit dem C, das T mit dem A und das C

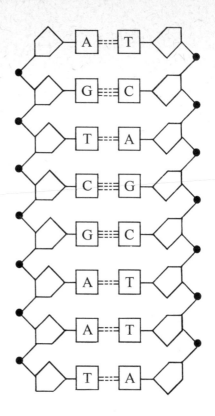

mit dem G. Die beiden Stränge sind folglich *komplementär*.

Diese Struktur ist in der oben abgebildeten Figur schematisch wiedergegeben. Die Fünfecke symbolisieren die Zucker-Radikale, die schwarzen Kreise die Phosphor-Atome, welche gemeinsam die Kontinuität der beiden Ketten gewährleisten; die mit A, T, G und C bezeichneten Quadrate stellen die Basen dar, die durch non-kovalente, gestrichelt wiedergegebene Wechselwirkungen paarweise (A–T; G–C; T–A; C–G) miteinander verknüpft sind. Die Struktur kann sich aus allen möglichen Sequenzen von Paaren zusammensetzen; sie ist in ihrer Länge nicht begrenzt.

Die *Replikation* dieses Moleküls erfolgt derart, daß die

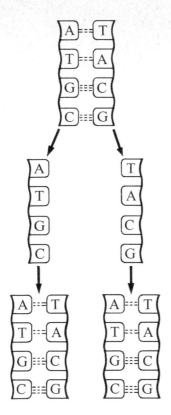

beiden Stränge sich trennen, worauf die komplementären Stränge Nukleotid für Nukleotid neu gebildet werden. In einer vereinfachten Formel und mit Beschränkung auf vier Paare ist dieser Vorgang durch die oben abgebildete Figur dargestellt.

Die beiden auf diese Weise hergestellten Moleküle enthalten je einen der Stränge des Muttermoleküls und einen durch spezifische Paarbildung – Nukleotid für Nukleotid – neugebildeten Strang. Diese beiden Moleküle sind miteinander und mit dem Muttermolekül identisch. So sieht der in seinem Prinzip sehr einfache Vorgang der invarianten Replikation aus.

Die Mutationen resultieren aus den verschiedenartigen

»Unfällen«, die diesem mikroskopischen Vorgang widerfahren können. Der chemische Mechanismus einiger dieser »Unfälle« ist heute ziemlich genau erfaßt. So ist beispielsweise die Substitution eines Nukleotidenpaares durch ein anderes darauf zurückzuführen, daß die stickstoffhaltigen Basen außer ihrem »normalen« Zustand ausnahmsweise und vorübergehend eine tautomere Form annehmen können, bei der die Fähigkeit zur spezifischen Paarbildung gewissermaßen »umgekehrt« wird (die Base C paart sich in der tautomeren »Ausnahme«form zum Beispiel mit A und nicht mit G). Man kennt chemische Mittel, welche die Wahrscheinlichkeit, d. h. die Häufigkeit dieser »unerlaubten« Paarbildungen, beträchtlich erhöhen. Diese Mittel sind starke »Mutagene«.

Andere chemische Agentien, die sich *zwischen* die Nukleotide im DNS-Strang einschieben können, deformieren diesen und begünstigen auf diese Weise solche »Unfälle« wie die Deletion (Beseitigung) oder Addition (Hinzufügung) eines oder mehrerer Nukleotide.

Schließlich rufen ionisierende Strahlen (Röntgen- und kosmische Strahlen) verschiedene Fälle der Deletion oder Mißpaarung von Nukleotiden hervor.

III. DER GENETISCHE CODE

Die Struktur und die Eigenschaften eines Proteins sind durch die Sequenz (Reihenfolge) der Aminosäure-Radikale in der Polypeptid-Kette festgelegt (vgl. S. 116). Diese Sequenz wird bestimmt durch die Sequenz der Nukleotide in einem Segment der DNS-Kette. Der genetische Code (*sensu stricto*) ist die Regel, nach der eine Polypeptid-Sequenz mit einer gegebenen Polynukleotid-Sequenz verknüpft ist.

Da es 20 Aminosäure-Reste darzustellen gilt und im Alphabet der DNS nur vier »Buchstaben« (4 Nukleotide) auftreten, sind mehrere Nukleotide erforderlich, um eine Aminosäure festzulegen. Der Code besteht tatsächlich aus »Tripletts«: jede Aminosäure wird durch eine Sequenz von *drei Nukleotiden* bestimmt. Die Zuordnungen sind in der Tabelle II »Der genetische Code« wiedergegeben.

Es ist anzumerken, daß der Übersetzungsmechanismus nicht direkt die Nukleotid-Sequenzen der DNS in die Proteinsprache überträgt, sondern zunächst von einer Transkription (»Umschreibung«) *eines* der beiden Stränge in ein einstrangiges Polynukleotid der »Boten-Ribonukleinsäure« (Boten-RNS) ausgeht. Die RNS-Polynukleotide unterscheiden sich von jenen der DNS in einigen Struktureinzelheiten, insbesondere durch die Substitution der Base T (Thymin) durch die Base *Uracil* (U). Da die Boten-RNS als Matrize für die Anordnung der Aminosäuren dient, die das Polypeptid bilden sollen, wird der Code in der Tabelle in der Schreibweise des RNS- und nicht des DNS-Alphabets wiedergegeben.

Man sieht, daß es für die meisten Aminosäuren mehrere verschiedene Formeln in Gestalt von Nukleotid-»Tripletts« gibt. Aus einem Alphabet von vier Buchstaben kann man nämlich $4^3 = 64$ »Wörter« zu je drei Buchstaben bilden. Nun sind aber nur 20 Aminosäure-Reste festzulegen.

Drei Tripletts (UAA, UAG, UGA) werden hingegen als sinnlos (nonsense) bezeichnet, weil sie keiner Aminosäure zugeordnet sind. Sie spielen jedoch eine wichtige Rolle als Interpunktionszeichen bei der Übersetzung der Nukleotid-Sequenzen.

Der Mechanismus der Translation (Übersetzung) im eigentlichen Sinne ist komplex; zahlreiche makromolekulare Bestandteile greifen in ihn ein. Für das Verständnis des Textes ist die Kenntnis dieses Mechanismus nicht unbedingt erforderlich. Es genügt, wenn wir die Vermittler nennen, bei denen letztlich der Schlüssel der Übersetzung liegt. Es sind die sogenannte »Transfer«-Ribonukleinsäuren. Diese Moleküle enthalten

1. eine »Akzeptor«-Gruppe für die Aminosäuren; spezielle Enzyme erkennen einerseits eine Aminosäure, andererseits die zugehörige Transfer-RNS und katalysieren die (kovalente) Bindung der Aminosäure an das RNS-Molekül;

2. eine *komplementäre* Sequenz jedes einzelnen der Tripletts des Code; dadurch kann sich jede einzelne Transfer-RNS mit dem entsprechenden Triplett der Boten-RNS paaren.

Diese Paarbildung findet in Verbindung mit einem komplexen Zellbestandteil, dem Ribosom, statt, das die Rolle einer »Werkbank« für die Montage der verschiedenen Bau-

TABELLE II

DER GENETISCHE CODE

I	II	U	C	A	G	III
U		Phe	Ser	Tyr	Cys	U
		Phe	Ser	Tyr	Cys	C
		Leu	Ser	»sinnlos«	»sinnlos«	A
		Leu	Ser	»sinnlos«	Try	G
C		Leu	Pro	His	Arg	U
		Leu	Pro	His	Arg	C
		Leu	Pro	GluN	Arg	A
		Leu	Pro	GluN	Arg	G
A		Ileu	Thr	AspN	Ser	U
		Ileu	Thr	AspN	Ser	C
		Ileu	Thr	Lys	Arg	A
		Met	Thr	Lys	Arg	G
G		Val	Ala	Asp	Gly	U
		Val	Ala	Asp	Gly	C
		Val	Ala	Glu	Gly	A
		Val	Ala	Glu	Gly	G

Bei dieser Tabelle wird der erste Buchstabe eines Tripletts in der linken senkrechten Spalte, der zweite in der Kopfzeile und der dritte in der rechten senkrechten Spalte abgelesen. Die Bezeichnungen der einzelnen Aminosäure-Radikale sind in Abkürzungen wiedergegeben (vgl. Tabelle I, S. 224 f.).

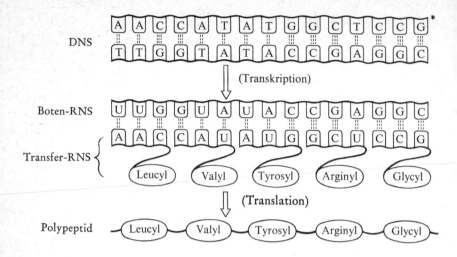

elemente spielt. Die Boten-RNS wird der Reihe nach abgelesen. Dieser Mechanismus ist noch nicht richtig verstanden; er ermöglicht, daß das Ribosom an der Polynukleotid-Kette von einem Triplett zum andern vorrücken kann. Dabei paart sich jedes Triplett auf der Oberfläche des Ribosoms mit der entsprechenden Boten-RNS, welche die durch dieses Triplett bestimmte Aminosäure trägt. Bei jedem Schritt katalysiert ein Enzym die Ausbildung einer Peptid-Bindung zwischen der jeweils von der Transfer-RNS übertragenen Aminosäure und der am Ende der schon gebildeten Polypeptid-Kette befindlichen, vorangehenden Aminosäure, wodurch sich die Kette um eine Einheit verlängert. Danach rückt das Ribosom um ein Triplett vor, und der Prozeß beginnt von neuem.

Die obige Figur gibt das Grundschema der Informationsübertragung eines (beliebig gewählten) Segments der DNS wieder.

In dieser Darstellung wird angenommen, daß die Boten-RNS von dem mit einem Sternchen versehenen DNS-Strang abgeschrieben wird. Im eigentlichen Übersetzungsschritt paaren sich die Transfer-RNS-Moleküle der Reihe nach mit der Boten-RNS. Der Deutlichkeit halber sind sie hier so dargestellt, als seien sie alle gleichzeitig paarweise verknüpft.

IV. ÜBER DIE BEDEUTUNG DES ZWEITEN HAUPTSATZES DER THERMODYNAMIK

Über die Bedeutung des Zweiten Hauptsatzes, über die Entropie, über die »Äquivalenz« von negativer Entropie und Information ist derart viel geschrieben worden, daß man zögert, dieses Thema überhaupt in Kürze abzuhandeln. Manchem Leser wird indessen eine Erinnerung von Nutzen sein.

In seiner ersten, rein thermodynamischen Form, wie er 1850 in Verallgemeinerung des Theorems von Carnot durch Clausius ausgesprochen wurde, postuliert der Zweite Hauptsatz, daß *in einem energetisch abgeschlossenen System* alle Temperaturunterschiede danach streben müssen, sich *spontan* aufzuheben. Der Zweite Hauptsatz schreibt weiterhin vor – was auf das gleiche hinausläuft –, daß innerhalb eines solchen abgeschlossenen Systems, in dem eine *gleichmäßige* Temperatur herrscht, Unterschiede der thermodynamischen Potentiale zwischen verschiedenen Bereichen des Systems unmöglich auftreten können. Deshalb ist es zum Beispiel nötig, Energie aufzuwenden, um einen Kühlschrank kühl zu halten.

Also kann in einem System mit gleichmäßiger Temperatur, in dem kein Unterschied des thermodynamischen Potentials mehr besteht, kein Ereignis (makroskopischer Größenordnung) stattfinden. Das System ist *inert*. Man kann dies so interpretieren, daß man sagt, der Zweite Hauptsatz behauptet einen unvermeidlichen Verfall der Energie innerhalb eines abgeschlossenen Systems, wie es zum Beispiel das Universum ist. Die »Entropie« ist das thermodynamische *Maß* für den Energieverfall eines Systems oder die Energieentwertung. Jedes beliebige Phänomen in einem abgeschlossenen System ist daher dem Zweiten Hauptsatz zufolge notwendig von einem Entropiezuwachs begleitet.

Durch die Entwicklung der kinetischen Theorie der Materie (bzw. der statistischen Mechanik) sollte der Zweite Hauptsatz seine tiefste und allgemeinste Bedeutung enthüllen. Der »Energieverfall« – oder die Zunahme der Entropie – ist eine statistisch vorhersehbare Konsequenz der Bewegungen und zufälligen Zusammenstöße der Moleküle. Es seien zum Beispiel zwei Behälter mit Systemen unterschiedlicher Temperatur miteinander verbunden. Die »warmen«, d. h. schnellen, und die »kalten«, d. h. langsamen, Moleküle werden zufällig auf ihrem Weg von einem Behälter in den anderen hinüberwandern, wodurch der Temperaturunterschied zwischen den beiden Systemen unvermeidlich aufgehoben wird. Man sieht an diesem Beispiel, daß die Entropiezunahme in einem solchen System mit einer Zunahme an *Unordnung* verbunden ist: Die zunächst getrennten langsamen und schnellen Moleküle sind jetzt vermischt, und die Gesamtenergie des Systems verteilt sich infolge der Zusammenstöße statistisch auf alle Moleküle; darüber hinaus werden die beiden zu Anfang durch ihre Temperatur unterscheidbaren Systeme äquivalent. Vor der Mischung konnte das gesamte System Arbeit leisten, da es einen Potentialunterschied zwischen beiden Teilsystemen einschloß. Ist das statistische Gleichgewicht einmal erreicht, dann kann sich innerhalb des Systems nichts mehr ereignen.

Mißt die Entropiezunahme den Zuwachs an *Unordnung*

in einem System, so entspricht eine Zunahme an Ordnung einer Abnahme der Entropie oder – wie man es manchmal zu bezeichnen vorzieht – einer Zufuhr negativer Entropie (oder »Negentropie«). Der Ordnungsgrad eines Systems läßt sich jedoch in einer anderen Sprache, der Sprache der Informationstheorie, definieren. Die Ordnung eines Systems ist – in dieser Sprache ausgedrückt – gleich der Informationsmenge, die zur *Beschreibung* dieses Systems erforderlich ist. Daher die Vorstellung einer gewissen »Äquivalenz« zwischen »Information« und »Negentropie«, die wir Szilard und Léon Brillouin verdanken (siehe S. 77); eine äußerst fruchtbare Vorstellung, die aber auch zu unvorsichtigen Vergleichen und Verallgemeinerungen Anlaß geben kann. Man darf jedoch zu Recht behaupten, daß eine der fundamentalen Aussagen der Informationstheorie: daß nämlich die Übermittlung einer Botschaft notwendig von einem gewissen Verlust der in ihr enthaltenen Information begleitet ist, in der Informatik das Äquivalent des Zweiten Hauptsatzes in der Thermodynamik darstellt.

Werner Heisenberg
Der Teil und das Ganze
Gespräche im Umkreis der Atomphysik
47. Tsd. der Ges. Aufl. 334 Seiten. Leinen

»Die Gespräche über Philosophie, Physik und Politik sind in glücklicher Weise eingespannt in eine Autobiographie Heisenbergs. Naturerlebnisse und Begegnungen mit Menschen sind eindrucksvoll, manchmal poetisch geschildert.« Neue Zürcher Zeitung
»Diese Lebensgeschichte eines der bedeutendsten Wissenschaftler unserer Zeit ist eine Fundgrube kostbarster Einsichten.« Süddeutsche Zeitung

Das neue Buch des berühmten Physikers und Nobelpreisträgers:
Schritte über Grenzen
Gesammelte Reden und Aufsätze
Band 204 der Reihe ›Bücher der Neunzehn‹. Dezember 1971
1.–20. Tsd. 317 Seiten. Leinen

Im Mittelpunkt dieses Buches stehen die Zusammenhänge zwischen der Physik und den für den modernen Menschen entscheidenden Bereichen wie z. B. Technik, Politik, Sprache, Philosophie, Kunst.
Heisenberg bietet hier einem großen Lesepublikum das faszinierende Panorama der Denkprozesse, die für das Bewußtsein des Menschen im 20. Jahrhundert ausschlaggebend sind.

Alexander und Margarete Mitscherlich
Die Unfähigkeit zu trauern
Grundlagen kollektiven Verhaltens. 92. Tsd. 371 Seiten. Leinen

Eine deutsche Art zu lieben
Das erste Kapitel aus »Die Unfähigkeit zu trauern«
Serie Piper Band 2. 25. Tsd. 118 Seiten. Kartoniert

Auf dem Weg zur vaterlosen Gesellschaft
Ideen zur Sozialpsychologie. 80. Tsd. 407 Seiten. Leinen

Bis hierher und nicht weiter
Ist die menschliche Aggression unbefriedbar? Zwölf Beiträge, hrsg. von Alexander Mitscherlich.
20. Tsd. 279 Seiten. piper paperback

Das beschädigte Leben
Diagnosen und Therapien in einer Welt unabsehbarer Veränderungen. Ein Symposion, geleitet und hrsg. von Alexander Mitscherlich
20. Tsd. 178 Seiten mit Abb. piper paperback

Adolf Portmann
Entläßt die Natur den Menschen?
Gesammelte Aufsätze zur Biologie und Anthropologie
381 Seiten. Linson

»In diesen ›Gesammelten Aufsätzen‹ zeigt der berühmte Forscher, welche Bedeutung die Ergebnisse der biologischen Forschung für die allgemeinen Lebensprobleme unserer Zeit haben. Die ›Ortsbestimmung des Menschen‹ in Gegenwart und Zukunft ist für ihn das entscheidende Problem.«
Akademisches Monatsblatt

»Hier ist ein Buch, das unbedenklich zu den Spitzen der wissenschaftlichen Sachbücher zählt. Eine Welt umfassender Gedanken über das Leben von Pflanzen, Tieren und Menschen, umfangreiche Einzelbeispiele beleuchten dieses umfangreiche Gebiet.
Die Biologie Portmanns zielt nach seinen Worten nicht mehr auf Beherrschung der Natur, sondern auf ein Bild der Natur und unsere Stellung in ihr.« Frankfurter Rundschau